KB178986

에딩턴이 들려주는 중력 이야기

에딩턴이 들려주는 중력 이야기

ⓒ 송은영, 2010

초   판 1쇄 발행일 | 2005년 8월 29일
개정판 1쇄 발행일 | 2010년 9월 1일
개정판 13쇄 발행일 | 2021년 5월 28일

지은이 | 송은영
펴낸이 | 정은영
펴낸곳 | (주)자음과모음

출판등록 | 2001년 11월 28일 제2001-000259호
주   소 | 04047 서울시 마포구 양화로6길 49
전   화 | 편집부 (02)324-2347, 경영지원부 (02)325-6047
팩   스 | 편집부 (02)324-2348, 경영지원부 (02)2648-1311
e-mail | jamoteen@jamobook.com

ISBN 978-89-544-2042-6 (44400)

왜 떨어질까?

에딩턴이 들려주는
중력 이야기

| 송은영 지음 |

㈜자음과모음

에딩턴을 꿈꾸는 청소년을 위한
'중력' 이야기

세상에는 두 부류의 천재가 있다고 합니다.

한 부류는 창의적인 사고가 너무도 기발하고 독창적이어서 우리 같은 평범한 사람은 결코 따라갈 수 없는 천재입니다. 그리고 또 한 부류는 우리도 부단히 노력만 하면 그와 같이 될 수 있을 것 같은 천재입니다.

앞의 예로는 아인슈타인이 대표적입니다. 이런 사람은 한 세기에 한 명 나올까 말까 한 천재적인 두뇌를 지니고 있는 천재로, 인류 문명에 새로운 물꼬를 혁명적으로 터 주지요. 그러면 우리도 될 수 있을 것 같은 천재들이 그 뒤를 이어서 인류 문명에 새로운 활력을 왕성하게 심어 준답니다.

이 글에서는 중력을 크게 두 갈래로 나누어서 설명하고 있습니다. 하나는 갈릴레이와 뉴턴의 중력이고, 다른 하나는 아인슈타인의 중력입니다. 갈릴레이와 뉴턴의 중력 이론을 가리켜서 '고전적 중력 이론'이라고 합니다. 한편 아인슈타인의 중력 이론은 '현대적 중력 이론'이라고 부릅니다.

갈릴레이와 뉴턴은 중력을 어떻게 설명했는가를, 아인슈타인은 또 그걸 어떻게 해석했는가를 이 책을 통해서 쉽게 접할 수 있게 됩니다. 그러면서 중력이 빚어내는 갖가지 신기한 현상을 만나게 되고, 마지막 수업에선 중력의 왕이라고 할 수 있는 블랙홀에 대해서 배우게 됩니다.

여러분의 창의적인 사고가 중력을 접하면서 한껏 커지길 바랍니다.

늘 빚진 마음이 들도록 한결같이 저를 지켜봐 주시는 여러분과 이 책이 나오는 소중한 기쁨을 함께 나누고 싶습니다. 책을 예쁘게 만들어 주신 (주)자음과모음 식구들에게 감사의 마음을 전합니다.

송 은 영

차례

중력과 지구 중심

왜 물체를 던지면 아래로 떨어질까요?
지구 중심에서는 어떤 힘이 있어 물체를 끌어당길까요?

1

첫 번째 수업

중력과 지구 중심

에딩턴이 신에게 의존했던
옛 사람들에 대한 이야기로
첫 번째 수업을 시작했다.

왜 떨어지지 않을까?

'신이시여, 비나이다!'라는 식으로 늘 신에게만 의지하면, 인간이 할 수 있는 일이라곤 신에게 늘 애원하고 비는 일밖에는 없습니다. 이래서는 절대로 자연의 진실한 비밀을 밝힐 수가 없답니다.

그런데 옛 사람들의 삶에서는 신은 떼려야 뗄 수가 없는 존재였습니다. 그리고 이러한 울타리를 쉽게 허물어 버리지도 않았습니다. 자연 현상을 과학적으로 풀려고 하지 않고, 너

무나 오랫동안 무력하게 신에게만 의지하려 했던 거지요.

하지만 인간이 언제까지나 신에게만 전적으로 의지했던 것은 아니었습니다.

인간은 신이 만든 꿈의 산물이 아니다.
인간이 만든 꿈의 산물이 신이다.
미신은 자연 현상을 똑바로 바라보지 못하는 비겁함이다.

이런 생각이 차츰차츰 퍼져 나가자, 신을 벗어나서 자연의 비밀을 합리적으로 밝혀내려는 사람이 한두 명씩 나타나기 시작했습니다. 그들은 논리적으로 자연 현상에 다가섰는데 그중 하나가 이것이었습니다.

지구는 둥글다.

그러나 이러한 주장은 쉽게 받아들여지지 않았습니다. 이를 반박하는 주장이 곧바로 여기저기서 강하게 터져 나왔던 겁니다. 지구가 둥글어서는 안 된다며 반대하는 사람들이 내세운 논리는 이러했습니다.

지구가 둥글다면 지구 반대쪽에도 사람들이 있어야 할 것이다.
그들은 우리와는 반대쪽에 있는 것이다.
우리와는 거꾸로 서 있다는 얘기이다.
거꾸로 서 있으면 지구 저 밖으로 떨어져야 하는 것 아닌가?

지구 비구형 옹호론자들은 지구가 둥글어서는 안 되는 이

유를 이렇게 들었고, 지구 구형 옹호론자들은 이러한 반박에 적절히 응수하지 못했습니다. 지구 반대쪽에 있는 사람이 왜 떨어지지 않느냐는, 지구 비구형 옹호론자들이 제기한 물음에 제대로 대답하기 위해서는 뉴턴이 나타날 때까지 기다려야 했습니다.

뉴턴과 사과

뉴턴(Isaac Newton, 1642~1727)은 고전 물리학의 완성자입니다. 뉴턴이 케임브리지 대학에 다니고 있을 무렵, 흔히 '흑사병'이라고 부르는 페스트가 퍼졌습니다. 페스트는 쥐가 옮기는 공포의 전염병으로, 피부가 까맣게 타 들어가다가 끝내

사망하는 병입니다. 당시에는 치유가 불가능한 무서운 전염병이었지요.

런던을 중심으로 하루가 멀다 하고 시민들이 죽었습니다. 사람이 많이 모이는 곳은 긴급히 문을 닫거나 폐쇄했습니다. 물론 케임브리지 대학도 예외는 아니어서 뉴턴은 고향 집으로 내려갔습니다. 이것이 1665년의 일이었습니다.

뉴턴은 어머니 곁에서 농사일을 도우며, 책을 보고 사색에 잠겼습니다. 그러던 어느 날이었습니다. 사과나무 아래에서 사색에 잠겨 있는 뉴턴 앞으로 사과가 뚝 떨어졌습니다. 사과를 바라보는 뉴턴의 뇌리를 영감(靈感)이 번개처럼 스치고 지나갔습니다.

사과는 왜 떨어질까?

땅속의 당기는 힘

지구 반대편에 서 있는 사람과 뉴턴의 사과 사이엔 어떤 공통점이 있을까요? 사고 실험을 해 보겠습니다.

사고 실험이란 머릿속 상상 실험입니다. 실험 기기를 사용

하는 것이 아닌, 두뇌를 십분 이용하여 결론을 이끌어 내는
실험이지요. 창의력과 사고력을 쑥쑥 키워 주는 생각 실험이
랍니다.

지구 반대편에 서 있는 사람이 왜 떨어져야 한다고 생각하죠?

거꾸로 서 있기 때문이라고요?

그럼 나는 똑바로 서 있는 거겠네요. 정말 그럴까요?

내가 볼 때, 지구 반대편에 서 있는 사람은 거꾸로 서 있는 거예요.

하지만 그 사람 입장에서는 그도 똑바로 서 있는 거예요.

그가 볼 때는, 오히려 내가 지구 반대편에 서 있는 거예요.

즉, 그 사람 입장에서는 그가 아니라, 내가 거꾸로 서 있는 거예요.

이건 나도 거꾸로 서 있고, 그도 거꾸로 서 있는 격이에요.

그러나 '나'나 '그'나 모두 떨어지지 않아요.

거꾸로 서 있는데 왜 떨어지지 않는 거죠?

'거꾸로'라고 하면 기준이 있어야 합니다. 무엇에 대해서 거꾸로인지가 명확해야 한다는 겁니다. 예를 들어, 파리가 천장에 붙어 있다고 해요. 그러면 파리는 방바닥에 대해서는 거꾸로 붙어 있는 것이지만, 천장을 기준으로 보면 똑바로 붙어 있는 겁니다. 사고 실험을 이어 가겠습니다.

파리는 천장에 대해선 똑바로 붙어 있는 거지만, 방바닥에 대해선 거꾸로 붙어 있는 겁니다.

지구 반대편에 있는 사람은, 내 입장에서는 거꾸로 서 있는 거예요.

하지만 땅바닥에 대해서는 똑바로 서 있는 거예요.

나도 마찬가지예요.

그렇다면……, 맞아요, 지면이에요.

땅바닥을 딛고 서 있는 사람은 떨어지지 않아요.

하지만 지면을 딛지 않고 있으면 땅으로 떨어져요.

공을 쥐고 있다가 손을 펴 보세요.

공이 땅으로 떨어지잖아요.

뉴턴의 사과가 땅으로 떨어진 것도 같은 이유예요.

그렇습니다. 떨어지느냐 안 떨어지느냐는 건, 상대적 기준의 문제입니다. 지구에서는 그것이 지면일 뿐인 겁니다.

사고 실험을 계속하겠습니다.

떨어진다는 건 힘이 작용하고 있는 거예요.

지구에서는 그 힘이 땅바닥으로 향해요.

땅이 잡아당기는 힘인 거예요.

그렇다면 지구가 잡아당기는 힘은 지표면에만 넓게 퍼져 있는 걸까요?

잡아당기는 힘이 지표면에만 드넓게 걸쳐 있다면,

이 두 사람은 지면에 대해서 똑바로 서 있는 겁니다.

땅을 파고 내려가면 더 이상 떨어져서는 안 돼요.

오히려 땅 밑에서 위로 올라와야 할 거예요.

그러나 그렇지가 않아요.

땅을 파고 내려가도 밑으로 떨어지기는 마찬가지예요.

지구가 잡아당기는 힘은 땅 표면에만 걸쳐 있는 게 아니라는 얘기예요.

그렇습니다. 지구가 잡아당기는, 보이지 않는 힘은 지표면에만 살짝 퍼져 있는 게 아니랍니다. 지구 전체에 골고루 퍼져 있지요. 지구의 이 보이지 않는 힘을 중력이라고 합니다.

사고 실험을 계속 이어 가겠습니다.

지구가 잡아당기는 힘은 지구 전체에 골고루 퍼져 있어요.

이건 공평한 거예요.

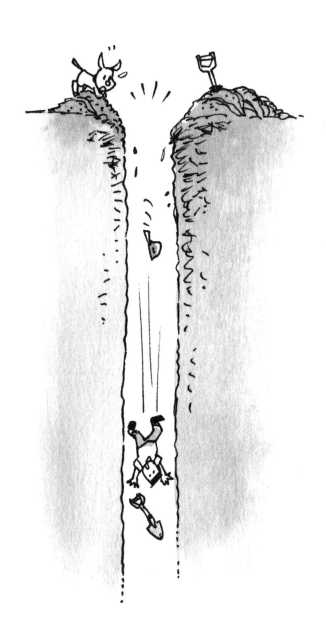

하지만 공평하다 보니, 오히려 불편할 때가 있어요.

예를 들어, 지구가 잡아당겨서 사과가 떨어졌다고 합시다.

이때 지구가 잡아당긴 힘이 어디에서 나왔다고 해야 할까요?

지표면이라고 할까요?

만족스럽지 못한 답이에요.

그렇다면 지구 안쪽 1,000m 깊이라고 할까요?

이 역시도 마찬가지예요.

둥근 지구의 겉과 속을 모두 합친 부분이

다 함께 힘을 쓴 거라고 말해야 해요.

그래야 공평한 거니까요.

지구 전체가 모두 함께 힘을 썼는데, 누구는 힘을 썼고,

누구는 안 썼다고 하면 불공평한 거잖아요.

그렇습니다. 중력은 지구 전체가 다 함께 쓴 힘인 겁니다.

사고 실험을 다시 이어 가겠습니다.

그래요, 지구 중력은 지구의 모든 부분이 다 같이 힘을 쓴 거라고

말하면 되는 거예요.

하지만 이것이 아주 불편할 때가 있어요.

구체적인 계산을 할 때에 그래요.

이런 식으로 하자면, 지구의 겉과 속 하나하나가 쓴 힘을 다 계산해서 그것을 일일이 더해야 할 거예요.

그래야 지구 전체의 중력이 될 테니까요.

이건 아주 복잡하고 번거로운 일이 아닐 수가 없어요.

그래서 생각해 낸 게 있어요.

지구를 똘똘 뭉쳐서 지구 중심에 갖다 놓았다고 생각하는 거예요.

그러면 지구 중심의 잡아당기는 힘 하나만 생각하면 될 테니까요.

아주 편리한 방법이잖아요.

그래서 편의상, 지구 중력은 가장 깊은 곳인 지구 중심에서 나온다고 생각하는 거예요.

중력은 지구 중심에서 나온다.

지구는 둥그니까 이렇게 계속 쭉 걸어가면 나중엔 제자리에 돌아올 수가 있을까?

아니지. 여길 지날 땐 밑으로 떨어지니까 우주로 날아가 버릴걸?

아니죠. 그럼 매일매일 사람이 떨어지게요? 하지만 아니잖아요.

어? 그러고 보니까 그러네요. 사람이 우주로 떨어졌다는 얘기는 들어 본 적이 없는데….

이상하다, 진짜 그러네.

지구 반대편에 있는 사람은 우리가 볼 때 거꾸로 서 있는 것이지, 그 사람 입장에선 똑바로 서 있는 거예요. 그가 볼 때는, 오히려 우리가 지구 반대편에 서 있는 거예요. 그런데 둘 다 떨어지지 않죠? 왜 그럴까요?

일단 무엇에 대해 거꾸로인지가 명확해야 해요. 예를 들어, 천장에 붙어 있는 파리의 경우 파리는 천장을 기준으로 보면 똑바로 붙어 있는 것이지만, 방바닥에 대해선 거꾸로 붙어 있는 것이죠.

지구 반대편의 사람도 우리 입장에선 거꾸로 서 있는 것이지만, 땅바닥에 대해선 똑바로 서 있기 때문에 떨어지질 않아요. 하지만 땅을 딛지 않으면 땅으로 떨어지게 됩니다. 이렇게 말이죠.

지구본이 바닥으로 떨어진 것도 같은 이유예요. 떨어지느냐 안 떨어지느냐는 건, 상대적 기준의 문제입니다. 지구에선 그것이 지면일 뿐인 거랍니다.

으악, 내 지구본….

2

중력과 중력 가속도

높은 곳에서 물건을 동시에 떨어뜨렸을 때
가벼운 공과 무거운 공이 동시에 떨어지는 이유는 중력 가속도 때문입니다.
지구에서 끌어당기는 힘인 중력과 중력 가속도에 대해 알아봅시다.

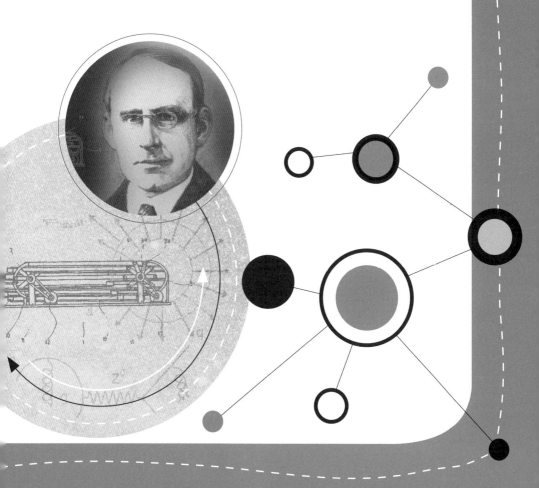

2

두 번째 수업

중력과 중력 가속도

에딩턴이 중력과 관계있는 위대한
과학자 3명에 대한 이야기로
두 번째 수업을 시작했다.

갈릴레이와 피사의 사탑

'중력' 하면 즉각 떠오르는 3명의 물리학자가 있습니다.

뉴턴, 아인슈타인, 그리고 갈릴레이입니다. 이들은 과학 역
사상 가장 빛나는 업적을 쌓은 과학자입니다.

갈릴레이(Galileo Galilei, 1564~1642)는 근대 과학의 문을
활짝 열었고, 뉴턴은 그것을 이어받아서 찬란히 완성시켰으
며, 아인슈타인(Albert Einstein, 1879~1955)은 현대 과학을 새
롭게 개척했지요.

갈릴레이 하면 떠오르는 고대 유적이 있습니다. 세계 7대 불가사의 중 하나인 피사의 사탑이 그것입니다.

피사의 사탑은 갈릴레이가 공의 낙하 실험을 했다는 이야기가 전해져 내려오고 있는 곳이지요. 물론 갈릴레이가 피사의 사탑에서 정말로 낙하 실험을 했는지 안 했는지의 진위 여부가 확실히 가려진 상태는 아닙니다. 하지만 낙하 운동에 대한 갈릴레이의 사고 흔적이 고스란히 남아 있는 곳이지요.

규모로 보면 별 것 아닌 데다가 금방이라도 쓰러질 듯이 기우뚱 서 있는 피사의 사탑, 이제부터 갈릴레이에 얽힌 전설을 따라가 보겠습니다.

갈릴레이가 피사의 사탑에 올랐습니다. 갈릴레이는 질량이 다른 공 2개를 양손에 하나씩 쥐고 있었습니다. 피사의 사탑

과학자의 비밀노트

피사의 사탑(Leaning Tower of Pisa)
이탈리아 토스카나 주 피사 시의 피사 대성당 동쪽에 있는 종탑이다. 흰 대리석으로 된 둥근 원통형 8층 탑으로 최대 높이는 58.36m이다. 1173년에 착공되어 1372년까지 3차에 걸쳐 200년 동안 공사가 진행되었는데, 1차 공사 후 기울어짐을 발견하여 이후 여러 차례 기울기를 완화하려고 노력했지만 여전히 남서쪽으로 기울어져 있다. 2008년에 기준 기울기의 각도는 중심축으로부터 약 5.5°이다.

아래에는 모여든 사람들로 분주했습니다. 그들의 반은 갈릴레이를 옹호하는 측이었고, 나머지 반은 갈릴레이를 비방하는 사람들이었습니다.

"갈릴레이, 당신을 존경합니다."

"갈릴레이, 당신은 세계적인 물리학자입니다."

"반드시 증명해 보이리라 믿습니다."

갈릴레이를 옹호하는 사람들이 외쳤습니다.

그러자 그 옆에 있던 갈릴레이를 비방하는 사람들이 곧바로 야유를 퍼부었습니다.

"저 사람, 과학에 대해 알긴 아는 거야?"

"원래 빈 깡통이 요란한 법이지."

"피사의 사탑으로 올라간 걸 후회하게 만들어 줄 거야."

갈릴레이가 양손을 앞으로 뻗었습니다. 그리고 쥐고 있던 손을 폈습니다. 공들은 지면을 향해 빠르게 떨어졌습니다.

곧이어 공이 지면에 닿는 소리가 들렸습니다.

"쿵!"

그리고 시간이 흘렀습니다.

1초, 2초, 3초……

그러나 또 다른 충돌 소리는 더 이상 들리지 않았습니다. 무거운 공과 가벼운 공은 동시에 지면에 떨어졌던 것이었습니다.

아리스토텔레스의 생각 1

고대 그리스의 대학자 아리스토텔레스(Aristoteles, B.C.384 ~B.C.322)는 낙하 현상에 대해서 '무거울수록 빨리 떨어진

다'고 주장했습니다. 즉, 무거운 공이 가벼운 공보다 더 빨리 떨어진다고 본 것입니다. 과연 그럴까요?

이 주장이 맞는지 사고 실험으로 확인해 보겠습니다.

아리스토텔레스의 말대로라면 무거운 공이 먼저 떨어지고, 가벼운 공이 나중에 떨어져야 해요.

그래서 "쿵" 소리가 2번 나야 해요.

무거운 공이 땅바닥을 먼저 때리는 "쿵" 소리와 뒤이어 가벼운 공이 땅바닥을 때리는 "쿵" 소리가 말이에요.

그런데 "쿵"소리는 단 한 번 들렸어요.

공이 땅바닥과 한 번밖에 충돌하지 않았다는 얘기죠.

무거운 공과 가벼운 공이 동시에 땅바닥을 때렸다는 얘기죠.

아리스토텔레스의 말이 틀린 거예요.

그렇습니다. 낙하 현상에 대한 아리스토텔레스의 생각은 틀렸습니다. 아리스토텔레스의 생각은 이렇게 고쳐져야 합니다.

동시에 낙하하면, 무게와 상관없이 동시에 떨어진다.

즉, 무거운 공과 가벼운 공은 동시에 떨어져야 하는 겁니다.

아리스토텔레스의 생각 2

우리가 얼핏 생각하기에도, 아리스토텔레스의 말처럼 무거운 공이 먼저 떨어져야 할 것 같습니다. 그런데 무거운 공과 가벼운 공은 동시에 땅에 닿습니다. 왜 이런 결과가 나온 걸까요?

사고 실험을 하겠습니다.

공이 떨어진 건 중력 때문이에요.
중력은 힘이에요. 지구 중심이 끌어당기는 보이지 않는 힘인 거예요.

우리는 '힘'이라고 하면 주로 눈에 보이는 힘만을 생각합니다. 야구공을 던진다든가, 문을 찬다든가, 삽질을 한다든가, 역기를 든다든가, 대개의 힘이 이처럼 눈에 보이는 힘이지요. 그러나 모든 힘이 다 그런 건 아닙니다. 비탈에 놓은 공은 아무런 힘을 가하지 않아도 아래로 내려가잖아요.

힘은 이렇게 정의합니다.

힘 = 질량 × 가속도

즉, 힘과 가속도는 한 몸이나 마찬가지인 셈입니다. 힘이 있는데 가속도가 따라오지 않을 수 없고, 가속도가 있는데 힘이 생기지 않을 수 없는 것입니다. 가속도는 속도를 더욱 빠르게 해 준답니다. 사고 실험을 이어 가겠습니다.

힘에는 여러 종류가 있어요.

중력은 그중 하나예요.

그리고 가속도에도 여러 가지가 있어요.

그렇다면 중력에 의해 발생하는 가속도가 있어야 할 거예요.

중력이 갖고 있는 가속도를 중력 가속도라고 합니다. 중력 가속도는 일정한 가속도이지요. 예를 들어, 서울에서 잰 중력 가속도는 누가 측정하든 변함이 없다는 겁니다.

사고 실험을 계속하겠습니다.

힘이 있다는 건 가속도가 있다는 거예요.

그래서 중력에는 중력 가속도가 따라다니는 거예요.

중력 가속도는 떨어지는 물체의 속도를 좌우해요.

땅으로 떨어지면서 점점 빨라지는 것이 다 중력 가속도 때문이에요.

한 장소에서 잰 중력 가속도는 다르지 않아요.

그러니까 같은 장소에서는 떨어지는 속도의 증가가 같다는 의미예요.

무겁든 가볍든 상관없이 말이에요.

속도가 증가한다는 건 가속한다는 의미예요.

가속되는 정도가 같다는 뜻이에요.

낙하하는 물체의 속도가 같은 비율로 빨라지는 이유예요.

무거운 공과 가벼운 공이 같이 떨어질 수밖에 없는 이유예요.

무거운 공과 가벼운 공이 동시에 바닥에 닿는 이유는 바로 중력 가속도에 그 비밀이 숨어 있었던 겁니다.

중력 가속도

중력 가속도는 흔히 기호 g으로 표시합니다. 이것은 중력(gravity)의 영어 표기 첫 머리글자에서 따온 것이지요.

중력 가속도의 크기는 다음과 같습니다.

중력 가속도 = 9.8m/s² [가속도의 단위 : m/s²]

그러나 일반적으론 소수점 아래를 반올림하여 쓰곤 합니다. 이렇게 말이에요.

중력 가속도 = 10m/s²

중력 낙하 사고 재판

아리스토텔레스는 다음과 같이 믿었습니다.

무거운 물체일수록 빨리 떨어진다.

우리는 앞에서 이것이 옳지 않다는 걸 중력 가속도를 이용해서 알아보았습니다.

이번에는 낙하 현상에 대한 아리스토텔레스의 생각이 틀렸다는 걸 다른 각도에서 살펴보도록 하겠습니다.

사고 재판 1

사고 실험을 하겠습니다.

아리스토텔레스는 물체가 무거울수록 빨리 떨어진다고 했어요.

쇠공이 나무 공보다 빨리 떨어진다는 얘기예요.

이건 무게와 낙하 속력은 비례한다는 뜻이에요.

쇠공이 나무 공보다 2배 무거우면 낙하 속도는 2배,

3배 무거우면 3배, 4배 무거우면 4배가 된다는 말이에요.

쇠공이 나무 공보다 2배 무거우면 낙하 속력은 2배, 3배 무거우면 3배, 4배 무거우면 4배가 되지요.

진짜?

그럼 쇠공이 나무 공보다 10배 무거우면 어떻게 될까요?

쇠공과 나무 공을 줄로 단단히 연결했어요.

그러고는 동시에 떨어뜨렸어요.

아리스토텔레스의 생각이 옳다면, 쇠공은 나무 공보다 더 빨리 떨

어져야 해요.

10배 무거우니까, 10배 빠르게 낙하해야 하는 거예요.

여기까지가 하나의 결론입니다.

쇠공이 10배 빠르게 낙하한다.

아리스토텔레스의 생각대로라면 쇠공이 10배 빠르게 낙하해야 해요.

사고 재판 2

사고 실험을 이어 가겠습니다.

쇠공과 나무 공은 단단히 연결되어 있어요.

그래서 쇠공이 일방적으로 앞질러 떨어질 수는 없어요.

나무 공도 마찬가지예요.

나무 공도 한참 뒤처져서 떨어질 수는 없어요.

그러니까 어떻게 떨어지겠어요?

나무 공은 쇠공의 덕을 볼 것이고, 쇠공은 나무 공의 덕을 보지 못할

거예요.

덕은커녕 피해만 볼 거예요.

그래서 나무 공은 빨라지고, 쇠공은 그만큼 느려져요.

쇠공과 나무 공 사이에 적절한 속도 분배가 이루어진 셈이에요.

즉, 쇠공과 나무 공은 서로의 낙하 속도에 영향을 준 거예요.

그 결과 두 공은 쇠공과 나무 공의 중간 속도로 떨어져요.

이것이 또 하나의 결론입니다.

쇠공과 나무 공의 중간 속도로 떨어진다.

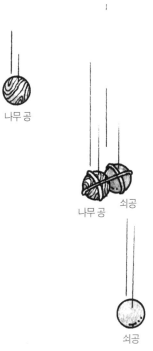

나무 공

나무 공   쇠공

쇠공

사고 재판 3

다시 사고 실험을 하겠습니다.

쇠공은 나무 공보다 10배 무거워요.

그래서 쇠공과 나무 공을 더한 무게는 나무 공의 11배가 되어요.

쇠공과 나무 공은 줄로 단단히 연결되어 있으니,

두 공의 무게는 쇠공과 나무 공을 더한 무게가 되어야 해요.

나무 공 무게의 11배가 되는 셈이에요.

아리스토텔레스는 낙하 속도가 무게에 비례한다고 했어요.

아리스토텔레스의 주장이 옳다면,

줄로 묶은 쇠공과 나무 공은 나무 공보다 11배 빠르게 떨어져야

해요.

이것이 마지막 결론입니다.

나무 공보다 11배 빠르게 떨어진다.

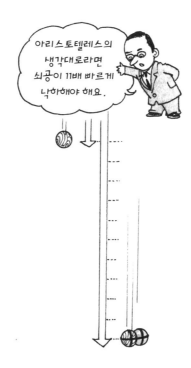

사고 재판 4

앞에서 던져진 문제는 분명 하나였습니다. 그러나 결론은 3가지가 나왔습니다. 이렇게 말입니다.

하나: 쇠공이 나무 공보다 10배 빠르게 낙하한다.
둘: 쇠공과 나무 공의 중간 속도로 떨어진다.
셋: 쇠공이 11배 빠르게 떨어진다.

이런 결론을 마주하고, 우리는 아리스토텔레스에게 왜 이런 혼란스러운 결과가 나왔느냐고 묻지 않을 수 없습니다.

아리스토텔레스는 뭐라 답할지 모르겠지만 나, 에딩턴의 대답은 이것 하나입니다.

아리스토텔레스의 주장에 심각한 오류가 있다.

그렇습니다. 아리스토텔레스의 주장에 심각한 모순이 들어 있는 것입니다. 그래서 이렇게 생각하면 이런 답이 나오고,

저렇게 생각하면 저런 답이 나오는 겁니다. 정말 옳은 주장이라면, 어떻게 생각하든 늘 똑같은 결과가 나와야 합니다. 여기서는 이 소리하고 저기서는 딴소리하는 사람을 신뢰할 수 있을까요? 이론도 마찬가지입니다. 한결같아야 하지요.

아리스토텔레스의 생각은 이렇게 바뀌어야 합니다.

낙하 속도는 질량과 무관하다.

자, 이제 이 두 공을 떨어뜨리겠습니다. 어느 공이 먼저 떨어질까요?

글쎄요…, 어느 공이 먼저 떨어지죠?

후후, 당연히 무거운 공이 가벼운 공보다 더 빨리 떨어지지.

아니죠. 동시에 낙하하면, 무게와 상관없이 동시에 떨어져요. 즉, 무거운 공과 가벼운 공은 동시에 떨어지게 된다고요.

공이 떨어진 건 중력 때문이에요. 중력은 지구 중심이 끌어당기는, 보이지 않는 힘인 것이죠. 그리고 힘은 이렇게 정의합니다.

힘 = 질량 × 가속도

즉, 힘과 가속도는 한 몸이나 마찬가지인 셈이죠. 힘에는 여러 종류가 있는데 중력은 그중 하나이고, 중력에 의해 발생하는 가속도를 중력 가속도라고 합니다.

중력 ↓ 공의 질량 × 중력 가속도

중력에는 항상 중력 가속도가 따라다니게 되는 것이죠. 바로 이 중력 가속도가 물체가 땅으로 떨어질 때 떨어지는 속도를 점점 빨라지게 하는 것이죠.

너나 나나 속도가 증가하는 정도는 같다고.

자, 다시 공이 떨어질 때를 생각해 봐요. 같은 장소에서 공을 떨어뜨렸으니 속도의 증가가 같겠죠? 그래서 무거운 공과 가벼운 공이 동시에 떨어질 수밖에 없는 것이랍니다.

흠…, 그런가?

중력과 만유인력

중력은 지구 중심으로부터 멀수록 약해지고 가까울수록 강해집니다.
두 물체 사이에 작용하는 힘은 질량에 비례하고, 거리의 제곱에 반비례합니다.
이를 '만유인력의 법칙', 곧 '중력의 법칙' 이라고 합니다.

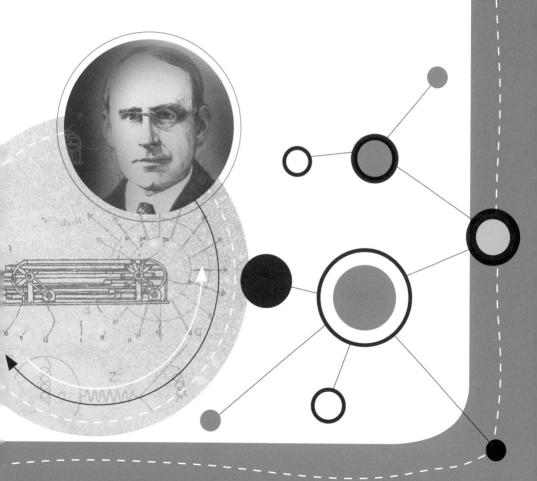

3

중력과 만유인력

에딩턴이 뉴턴의 주장을 이야기하며
세 번째 수업을 시작했다.

값진 선물

뉴턴 이전까지는 땅에서 일어나는 운동은 지상의 법칙으
로, 하늘에서 일어나는 운동은 하늘의 법칙으로 따로 구분해
서 다루려고 했습니다. 그러나 뉴턴은 굳이 그럴 필요가 있
느냐고 반발하고 나섰습니다. 어떤 법칙이 땅에서도 성립하
면, 하늘에서도 성립해야 한다고 주장한 겁니다.

뉴턴의 그러한 모습은 달의 운동을 고민하는 데서부터 출
발했습니다.

여기서 사고 실험을 하겠습니다.

달은 지구의 위성이에요.

지구 둘레를 공전하는 거예요.

공전은 직선 운동이 아니에요.

원운동이에요.

달이 원운동을 꾸준히 하려면, 새로운 힘이 필요해요.

그렇지 않으면 지구 중력을 받아서 조금씩이라도 지구로 떨어질 테니

까요.

새로운 힘, 뉴턴은 이것을 어떻게 해석해 낼까요? 뉴턴의 위

대한 점이 여기서 나타납니다.

사고 실험을 이어 가겠습니다.

지구는 지구 중력으로 달을 끌어당겨요.

미약한 힘으로라도 말이에요.

그렇다면 반대 상황도 생각해 볼 수 있지 않을까요?

달이 지구를 끌어당기는 상황 말이에요.

지구가 무한한 힘으로 우주의 모든 천체를 홀로 끌어당기며 통솔하

는 게 아니니까요.

그래요, 달도 지구를 잡아당기고 있는 거예요.

뉴턴이 '달의 운동'을 고민하면서 얻어 낸 결론이 바로 이

것이었던 겁니다.

지구가 달을 끌어당기면, 달도 지구를 끌어당긴다.

　이것은 지구 중력을 지구에만 한정시키지 않고, 우주로 멋지게 확장시켜서 얻어 낸 뿌듯한 결과였습니다. 지상의 법칙을 우주에 적용해서 인류가 얻어 낸 최초의 값진 선물이었던 겁니다.

중력과 거리

　뉴턴은 지구의 법칙을 우주로 확장하는 데 성공한 후, 지구가 달을 끌어당기는 가속도를 구해 보았습니다. 생각보다 작은 값이었습니다. 뉴턴은 고민했습니다.
　'왜 이런 결과가 나온 걸까?'

사고 실험으로 뉴턴의 생각을 따라가 보겠습니다.

가속도와 힘은 늘 함께 가는 사이예요.

지구가 달을 끌어당겨서 가속도가 생겼으니,

여기에도 힘이 작용하고 있다고 보아야 해요.

지구가 달에 작용한 힘은 보이지 않는 힘이에요.

지구가 지니고 있는 보이지 않는 힘이라면?

그래요, 중력이 있어요.

지구는 달에 중력을 작용시킨 거예요.

지구의 중력은 높이에 따라서 현저하게 차이가 납니다.

높이(km)	10	100	400	35700
중력 가속도(m/s^2)	9.80	9.53	8.70	0.225

사고 실험을 이어 가겠습니다.

지구 중력의 시발점은 지구 중심이에요.

지상으로부터의 높이란, 지구 중심으로부터의 거리라고 보아도 괜찮아요.

높다는 건, 그렇다면 지구 중심에서 멀어진다는 것이니까,

이건 결국 멀어질수록 중력이 약해진다는 뜻이에요.
역으로 말하면, 가까울수록 중력이 강하다는 의미예요.

그렇습니다. 지구 중력은 거리의 영향을 절대적으로 받습니다. 뉴턴은 다음과 같이 결론지었지요.

지구 중력은 멀수록 약해지고, 가까울수록 강해진다.

이 말을 좀 더 구체적으로 표현하면 이렇게 됩니다.

두 물체 사이에 작용하는 힘은 질량에 비례하고, 거리의 제곱에 반비례한다.

이것을 흔히 만유인력의 법칙이라고 합니다.

만유인력

만유인력은 두 물체들 사이에 작용하는 힘입니다. 한쪽에서 일방적으로 작용하는 것이 아니라 서로 동등하게 작용하는 힘입니다.

만유인력은 지구에 있는 모든 물체와 지구 사이에 작용합니다. 더 나아가 우주에 존재하는 모든 물체 사이에도 작용합니다. 지구와 사과뿐 아니라, 지구와 지구 둘레를 도는 인공위성, 지구와 달, 지구와 태양, 태양과 화성, 토성과 목성, 천왕성과 해왕성, 북극성과 북두칠성, 은하와 은하, 별과 블랙홀 사이에도 작용한답니다.

만유인력은 거리와 질량에 절대적인 영향을 받습니다. 지구와 달 사이의 거리가 현재와 달랐거나, 지구와 달의 질량

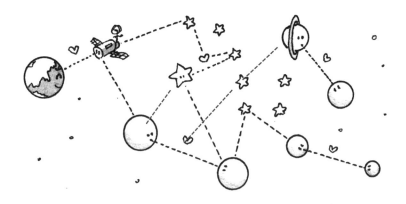

이 지금과 같지 않았다면, 두 천체 사이의 만유인력은 달라졌을 겁니다. 즉, 지구와 달 사이의 거리가 현재보다 가까웠다면 만유인력은 더 세졌을 것이고, 멀었다면 더 약해졌을 겁니다. 그리고 지구와 달의 질량이 지금보다 무거웠다면 만유인력은 더 강해졌을 것이고, 가벼웠다면 더 약해졌을 겁니다.

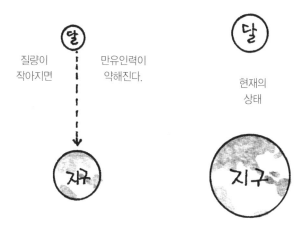

질량이
작아지면

만유인력이
약해진다.

현재의
상태

사고의 검증

뉴턴은 자신이 얻은 생각의 추론을 검증해 보기로 했습니다. 뉴턴은 지구와 천체 사이에 작용하는 힘이 거리에 따라서 어떻게 변하는가를 알려 주는 공식을 얻어 내기 위해 집념 어린 기나긴 항해를 했습니다. 그러고는 마침내 알찬 결실을

중력과 만유인력은 이름만 다를 뿐이지 같은 개념이에요.

거두었습니다. 그것은 지구와 달 사이의 관계뿐 아니라, 지구와 태양, 화성과 금성 등 모든 천체를 아우르는 보편 타당한 법칙이었습니다. 그래서 이걸 '우주의 보편적인(Universal) 법칙'이라고 해서 '만유(萬有, 우주의 온갖 물체에 작용하는)인력의 법칙'이라고 부른답니다.

뉴턴이 만유인력을 어떻게 얻어 내었지요? 그렇습니다. 지구 중력을 우주로 확장시켜서 얻어 내었습니다.

이건 무얼 뜻하겠습니까? 그래요, 중력과 만유인력은 이름만 다를 뿐이지, 실은 같은 개념이라는 겁니다.

만유인력이란 용어는 실은 우리가 일본의 과학책을 번역하면서 들여온 말입니다. 'Universal'이란 단어에 들어 있는 우주 보편적이라는 뜻을 살리기 위해서, 만유인력이란 용어를 쓰게 된 겁니다. 그러나 영어에는 '만유인력의 법칙'이란 없습니다. 그냥 중력이란 단어가 모든 걸 다 대변해 주지요.

뉴턴은 중력의 법칙을 이용해서 우주의 여러 현상을 훌륭히 설명해 내었답니다.

하나 : 케플러의 3가지 행성 법칙(타원 궤도의 법칙, 면적 속도 일정의 법칙, 거리와 공전 주기의 법칙)을 증명해 내었다.

둘 : 밀물과 썰물이 일어나는 이유를 명백히 밝혔다. 조석 현상의 원인이 달의 당기는 힘 때문이라는 걸 밝힌 것이다.

셋 : 미적분학을 창안해 내었다. 중력을 계산하려면 잘게 쪼개고 다시 이어 붙이는 그런 과정이 필요하다. 그 이전까지의 수학으로는 이걸 해결할 수가 없었다. 뉴턴은 미적분학을 손수 만들 수밖에 없었던 것이다. '미분은 세밀하게 나눈다, 적분은 나눈 걸 이어 붙인다' 는 의미이다.

이봐, 박사! 난 좀 더 강해지고 싶은데 뭔가 새로운 힘을 만들 방법이 없나?

글쎄요, 새로운 힘이라고 하니까 생각나는 게 있긴 한데요.

뭐? 새로운 힘이라는 게 있는 거냐?

네. 우선 지구의 위성인 달은 지구 둘레를 공전하는데, 이 공전은 원운동이죠. 그런데 원운동을 하려면 꾸준히 새로운 힘이 필요해요. 그렇지 않으면 지구 중력을 받아서 조금씩이라도 지구로 떨어질 테니까요.

오~, 그럴듯하군. 계속해 봐.

이 새로운 힘이라는 건 이미 위대한 뉴턴이 해석한 것이죠. 즉, 지구는 지구 중력으로 달을 끌어당겨요. 그렇다면 반대 상황도 생각해 볼 수 있지 않을까요? 달이 지구를 끌어당기는 상황 말이에요.

'지구가 달을 끌어당기면, 달도 지구를 끌어당긴다.' 이것은 지구 중력을 지구에만 한정시키지 않고, 우주로 확장시켜서 얻어 낸 뿌듯한 결과예요.

바로 이게 그 유명한 만유인력입니다. 만유인력은 한쪽에서 일방적으로 작용하지 않고, 두 물체들 사이에 동등하게 작용하는 힘이죠. 만유인력은 지구에 있는 모든 물체와 지구 사이에 작용합니다. 더 나아가 우주에 존재하는 모든 물체 사이에도 작용하죠.

만유인력

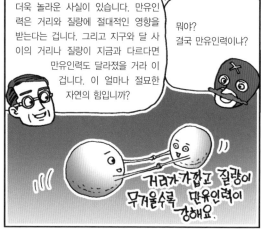

더욱 놀라운 사실이 있습니다. 만유인력은 거리와 질량에 절대적인 영향을 받는다는 겁니다. 그리고 지구와 달 사이의 거리나 질량이 지금과 다르다면 만유인력도 달라졌을 거라 이 겁니다. 이 얼마나 절묘한 자연의 힘입니까?

뭐야? 결국 만유인력이냐?

거리가 가깝고 질량이 무거울수록 만유인력이 강해요.

4

해왕성과 미적분학

우주에 존재하는 모든 천체는 끌어당기는 힘이 작용하므로
뉴턴은 태양계에 또 다른 행성이 있다고 추론했습니다.
이를 토대로 해왕성과 미적분학이 발견되었습니다.

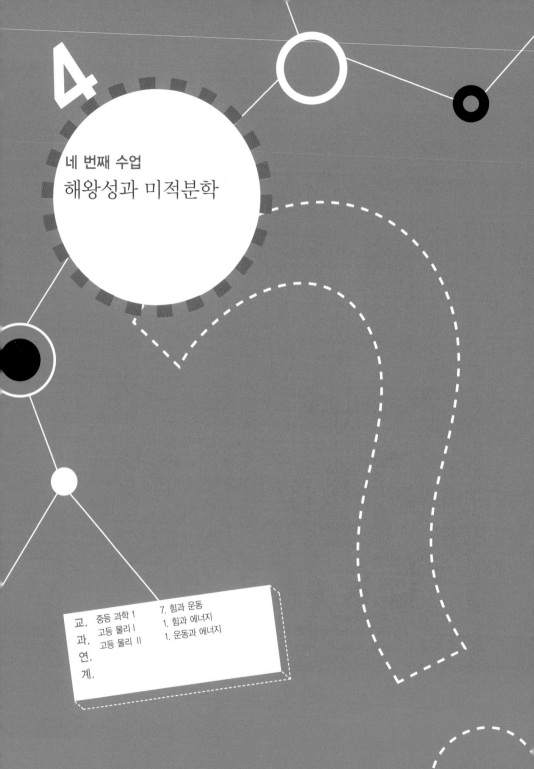

네 번째 수업

해왕성과 미적분학

에딩턴이 뉴턴의 예측을 이야기하며
네 번째 수업을 시작했다.

뉴턴의 예측

뉴턴은 중력 이론을 태양계 행성에 적용해 보았습니다. 태양, 수성, 금성, 지구, 화성, 목성, 토성으로 이루어진 태양계가 어떤 모양을 하고 있는지를 알아보기 위해서 말입니다. 그런데 뜻밖의 결과가 나온 겁니다.

"예상한 모양과 다르네."

뉴턴은 이 결과를 이렇게 해석했습니다.

"태양계에 또 다른 행성이 있다."

뉴턴이 이렇게 말할 수 있었던 근거는 무엇일까요?

이것을 알려면 뉴턴의 중력 이론을 다시 한 번 되새겨 볼 필요가 있습니다.

우주에 존재하는 모든 천체에는 끌어당기는 힘이 작용한다.

사고 실험을 하겠습니다.

뉴턴의 중력 법칙대로라면, 태양계 속 행성은 서로 잡아당겨야 해요. 즉, 수성과 금성, 지구와 화성, 화성과 목성, 목성과 토성 등이 끊임 없이 끌어당겨야 하는 거예요.

태양계 행성은 이러한 힘을 주고받으며 서로 팽팽히 균형을 이루고 있는 거예요.

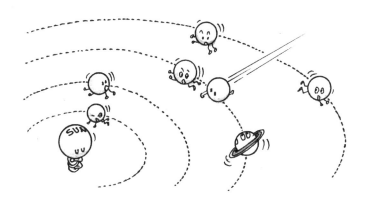

태양계의 모습이 일정 형태로 규정지어진다는 말이에요.

그런데 새로운 행성이 여기에 끼어들어 온다고 해 봐요.

행성끼리 잡아당기는 힘이 달라질 거예요.

둘이 잡아당길 때와 셋이 잡아당길 때,

셋이 잡아당길 때와 넷이 잡아당길 때의 힘이 같을 수가 없는 법이니

까요.

이전의 팽팽한 균형이 깨질 수밖에 없는 이유예요.

태양계의 모습이 달라진다는 말이지요.

바로 이것이, 뉴턴이 '아직 발견되지 않은 미지의 행성이 태
양계 내 어딘가에 있다'는 추론을 자신 있게 내놓은 이론적인
근거입니다.

해왕성의 발견

1781년, 영국의 천문학자 허셜(William Herschel, 1738 ~1822)이 천왕성을 발견했습니다.

그러자 뉴턴의 중력 법칙을 검증해 본다는 차원에서, 과학자들이 뉴턴의 중력 이론을 사용해 천왕성의 위치를 계산해 보았습니다. 그런데 천왕성의 실제 위치와 다른 값이 나왔습니다.

"어찌 된 일이지?"

과학자들은 당혹스러워했습니다. 그도 그럴 것이, 신이나 다름없이 믿어 온 뉴턴의 중력 이론이 틀릴 수도 있는 일이었기 때문입니다. 그러나 그들은 뉴턴을 믿었습니다. 그들은 이렇게 해석했습니다.

"천왕성 밖에 또 다른 미지의 행성이 있다."

천왕성 너머에 있는 새로운 행성, 이것이 천왕성의 공전에 영향을 줘서 계산한 값이 실제와 다르게 나온 것이라고 본 겁니다.

천문학자들은 계산과 실제 값의 차이를 면밀히 분석했고, 천왕성 너머 어디쯤에 새로운 행성이 있을 것인가를 계산했습니다. 그리고는 천체 망원경을 동원해 그곳을 이 잡듯이 뒤

졌습니다. 예상한 대로였습니다. 그곳에 또 하나의 행성이 있었던 겁니다.

이것이 태양계의 8번째 행성인 해왕성입니다.

과학자의 비밀노트

해왕성(Neptune)의 발견

해왕성은 태양계의 8번째이자 마지막 행성으로, 대기 상층부는 얼어 있는 메탄으로 인해 밝고 맑은 푸른빛을 띤다. 1840년대에 프랑스의 르베리에와 영국의 애덤스가 해왕성의 궤도를 예측했다. 1846년에 독일의 갈레가 프랑스의 르베리에가 계산한 궤도에서 해왕성을 최초로 관측하였다. 또한 영국의 애덤스가 예측한 궤도에서 영국의 챌리스가 8월에 발견했음이 나중에 밝혀졌다. 챌리스는 당시에는 자신의 관측 결과가 진실임을 증명하지는 못했다. 천문학계 관례에 따라 발견의 공로는 르베리에와 애덤스에게 돌아갔다.

누가 먼저냐?

흑사병이 퍼져 고향 집에서 머물던 뉴턴은 미적분학을 발견하였으나, 발표하지는 않았습니다. 한편 독일의 수학자 라이프니츠(Gottfried Leibniz, 1646~1716)는 독자적으로 알아낸 미적분학을 1684년에 발표했습니다. 그러자 라이프니츠를

비딱하게 보아 온 한 수학자가 이렇게 말했습니다.

"라이프니츠가 뉴턴의 미적분학을 훔쳐 내었습니다."

알고 보니 그는 뉴턴의 이론을 추종하는 학자였습니다. 상황이 이렇게 돌변하자, 라이프니츠 쪽에서도 가만히 있지만은 않았습니다. 미적분학을 도용한 것은 자신이 아니라 뉴턴이라고 강경하게 맞받아친 것이었습니다.

하지만 여기까지는 그래도 개인 대 개인 간의 문젯거리로 볼 수 있었지만, 차츰 이 문제가 국가 간의 문제로 비화되었습니다. 영국의 왕립학회가 가세하더니 급기야 뉴턴 측의 손을 들어 준 것이었습니다.

이러한 판결을 라이프니츠 옹호론자들이 순순히 받아 줄리는 없었지요. 독일 전체가 들썩거렸고, 이내 전 유럽 국가가 영국을 지지하는 측과 독일을 지지하는 측으로 양분되어

서 격렬하게 다투는 지경으로까지 번지고 말았습니다.

　뉴턴과 라이프니츠가 세상을 떠난 후에도 이 논쟁은 혼란스럽게 계속 이어졌고, 끝날 것 같지 않던 양측 간의 싸움은 결국 누가 누구 걸 베낀 것이 아니라고 선언하는 것으로 끝을 맺었습니다. 즉, 뉴턴과 라이프니츠가 독자적인 방법으로 미적분학을 창안해 낸 것으로 하자는 쪽으로 논쟁의 종지부를 찍은 것이었습니다. 이렇게 해서 뉴턴과 라이프니츠는 미적분학의 공동 창시자로 기억되게 되었습니다.

　뉴턴과 라이프니츠의 미적분학은 근대 수학이 거둔 가장 큰 업적 가운데 하나입니다. 이것이 물리학에 끼친 공적은 말로 다하기 어려울 만큼 많습니다.

　미적분학은 유럽의 계몽주의 사상과 산업 혁명에도 적잖은 영향을 미쳤답니다.

난 미적분이란 소리만 들어도 골치가 아파.

저게 바로 해왕성이에요. 그런데 저 해왕성을 발견하게 된 것이 뉴턴 때문이라는 건 아나요?

뉴턴이요? 정말요?

해왕성은 영국의 천문학자 허셜이 발견했는데, 뉴턴의 중력 이론으로 천왕성의 위치를 계산하다 실제 위치와 다르다는 것을 알게 되었답니다. 그래서 계산과 실제 값의 차이를 분석해서 결국 천왕성 너머에 어떤 행성이 있다는 것을 추측해 낸 것이죠.

아, 그리고 뉴턴 하니까 또 생각나는 이야기가 있군요. 바로 미적분학에 얽힌 이야기지요.

말씀해 주세요!

뉴턴은 흑사병이 퍼져 고향 집에서 머물던 중 미적분학을 발견했지요. 그러나 이걸 발표하지는 않고 있었는데 1684년 독일의 수학자 라이프니츠가 미적분학을 발표했지요. 이에 뉴턴의 추종자들은 라이프니츠가 뉴턴의 미적분학을 훔쳐 내었다고 주장을 하기 시작했답니다.

라이프니츠는 도둑놈...

그러자 라이프니츠 쪽에서도 미적분학을 도용한 건 뉴턴이라고 강경하게 맞받아쳤습니다. 그러자 이 문제가 국가 간의 문제로 비화되었고, 이내 전 유럽이 영국을 지지하는 측과 독일을 지지하는 측으로 양분되어서 격렬하게 다투는 지경으로까지 번지고 말았습니다.

우아, 일이 엄청 커졌네요. 그래서 어떻게 되었나요?

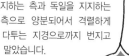

미적분학은 라이프니츠

미적분학은 뉴턴

뉴턴과 라이프니츠가 세상을 떠난 후에도 논쟁은 계속 이어졌고, 결국 뉴턴과 라이프니츠가 독자적인 방법으로 미적분학을 창안해 낸 것으로 하자는 쪽으로 논쟁의 종지부를 찍었지요.

후후, 사이좋게 끝나서 다행이네요.

그럼 둘다 창안한걸로 합시다.

중력과 가속도

우주선을 가속시키면 중력을 만들 수 있습니다.
우주선의 가속은 관성력을 야기하고,
이 관성력은 다시 동등한 세기의 중력으로 이어집니다.

5

다섯 번째 수업
중력과 가속도

에딩턴이 중력 이론을 둘로 나누며
다섯 번째 수업을 시작했다.

중력 만들기

중력 이론은 고전적 이론과 현대적 이론으로 나뉩니다. 고전적 이론은 갈릴레이와 뉴턴의 중력 이론을 말하고, 현대적 이론은 아인슈타인의 중력 이론을 말합니다. 그러니까 다섯 번째 수업까지는 '고전적 중력 이론'에 대해서 배운 셈이지요.

이제부터는 아인슈타인의 '현대적 중력 이론'을 설명하겠습니다.

사고 실험을 하겠습니다.

우주선이 우주 공간에 멈추어 있어요.

승객이 우주선 안에 두둥실 떠 있어요.

우주선 바닥에 발을 디디려고 애를 써도 헛수고예요.

우주 공간은 무중력이라서 그래요.

승객은 왜 중력을 느끼지 못하는 걸까요?

둘로 나누어서 생각해 볼 수 있어요.

하나는 우주가 무중력이기 때문이에요.

그리고 다른 하나는 우주선이 멈춰 있기 때문이에요.

이 중 첫 번째는 어찌해 볼 수가 없는 거예요.

요술을 부려 우주를 중력이 강한 공간으로 갑자기 바꾸어 버릴 수
도 없으니까요.

반면, 우주선의 운동 상태는 바꿀 수가 있어요.

로켓을 분사해 움직이게 할 수 있거든요.

우주선이 가속하고 있어요.

속도가 점점 빨라지고 있는 거예요.

그러자 가속에 반발하는 관성이 나타나요.

버스가 정지해 있다가 움직이면 뒤로 넘어지려고 합니다. 이
것이 관성이지요. 이처럼 관성은 가속에 반대로 나타납니다.

사고 실험을 이어 가겠습니다.

버스가 정지해 있다가 움직이면 뒤로 넘어지려고 하지요. 이게 관성입니다. 관성은 가속되는 방향과 반대로 나타납니다.

관성에 의해 관성력이 생겨요.

관성력은 우주선이 나아가는 반대쪽으로 나타나요.

관성력이 우주선이 나아가는 반대쪽으로 승객을 밀어내는 거예요.

승객의 발이 우주선의 바닥에 가 닿아요.

우주선은 분명히 우주 공간을 달리고 있어요.

그런데 승객의 몸이 둥둥 뜨질 않는 거예요.

무중력 공간에서도 발을 붙이고 서 있을 수 있는 거예요.

중력이 없는 우주 공간에 중력이 생긴 겁니다. 즉, 우주선을 가속시키는 것만으로 중력을 만들어 낸 것입니다.

중력 만들기: 우주선을 가속시키면 중력을 만들어 낼 수가 있다.

무중력 공간

  무중력 공간 이야기가 나왔으니, 이에 대해서 간단히 살펴
보고 넘어가겠습니다.

  우주에서 그릇을 놓치거나 컵을 거꾸로 뒤집어도 음식물이
와락 떨어지거나 음료수가 왈칵 쏟아지지 않습니다. 이것은
중력의 영향을 받지 않기 때문인데요. 이처럼 중력이 작용하
지 않는 곳을 무중력 공간이라고 합니다. 무중력 공간에서는
지상에서 경험할 수 없는 색다르고 신기한 현상이 많이 일어
난답니다.

우선, 우주 공간에서 공을 던지면 그대로 직진을 합니다. 지상에서는 공이 포물선 운동을 하며 떨어집니다. 이것은 다 중력이 아래쪽으로 작용하기 때문이지요.

우주 공간은 마찰이 없습니다. 그래서 한 번 움직이면 멈추지 않고 그대로 죽 나아가게 됩니다. 그리고 우주 공간에서 오래 머물게 되면 혈압이 내려가고 심장 수축 횟수가 줄어든답니다.

우주 공간에서는 걸을 필요가 없습니다. 그래서 우주에서 오래 머물면 다리 근육이 약해지게 되지요. 쓰지 않으면 녹스는 것이니까요. 이것이 바로 장기간 우주에 체류한 우주 비행사가 지구로 돌아와서 걸음걸이 연습을 하는 이유입니다.

우리는 지금까지 우주 공간에 중력이 없다고 말해 왔습니다. 그러나 엄밀히 말하면, 우주에서 중력이 미치지 않는 곳은 없답니다. 중력의 원천은 물질인데, 물질의 결합체인 천체가 존재하지 않는 곳은 우주 어디에도 없기 때문입니다. 다만, 천체가 멀리 떨어져 있느냐, 가까이 다가와 있느냐의 차이가 있을 뿐이지요. 즉, 중력의 세기가 약하냐 강하냐의 차이가 있을 뿐인 겁니다.

그래서 우주 공간에서 몸이 둥실 뜨는 상황을 놓고, 중력이 없어서 그런 거라고 해서는 안 되고, 중력이 아주 미약하기 때문에 그런 상황이 발생하는 거라고 해야 더욱 올바른 답이 되는 거랍니다.

우주 공간에서 몸이 둥실 뜨는 걸 중력이 없어서 그런 거라고 해서는 안 되고, 중력이 미약하기 때문이라고 해야 정확한 말이 된답니다.

등가 원리

우주선을 타고 있는 상태에서 중력을 느낄 수 있는 경우는
다음과 같습니다.

우주선이 천체에 착륙해 있는 경우

우주선이 우주 공간에서 가속 운동을 하고 있는 경우

우주선에 창문이 있다면, 창을 통해서 우주선이 지구나 화성 같은 천체에 착륙해 있는지, 우주 공간을 질주하고 있는지를 명확히 가늠할 수가 있습니다. 그러나 우주선에 창이 없다면 밖을 내다볼 수가 없으니, 우주선이 행성에 착륙해 있는지 우주 공간을 날고 있는지 확인할 방법이 없습니다. 우주선에서 느끼는 중력이 어떻게 해서 생긴 것인지를 알 방법이 없다는 뜻입니다. 즉, 우주선에서 느끼는 중력이 천체에 의한 것인지, 또는 가속 운동으로 생긴 것인지를 알 방법이 없다는 겁니다.

우리는 중력이라고 하면 으레 천체만을 생각합니다. 천체가 중력을 낳을 수 있는 유일무이한 존재라고 여기는 거지요. 그런데 나도 중력을 만들어 낼 수 있다며, 난데없이 가속도가 나타난 겁니다.

우주선의 가속은 관성력을 야기하고, 그렇게 생긴 관성력은 다시 동등한 세기의 중력으로 이어진다.

이건 가속도와 관성력, 관성력과 중력이 다르지 않다는 말입니다. 이것을 등가 원리라고 부릅니다.

등가 원리 : 가속도 = 관성력 = 중력

    가속도와 중력이 깊은 연관이 있다는 건, 뉴턴 시대 이후 잘 알려진 사실입니다. 그렇지만 가속도와 중력이 같은 것이라는 생각은 아인슈타인 이전에는 그 누구도 그려 보지 못한 것이었답니다.

이것이 이번에 새로 개발한 우주 선입니다. 놀라운 건, 이 우주선에는 바로 창문이 있다는 것이죠. 이 얼마나 위대한 발견입니까?

그게 뭐가 대단하다는 거야? 겨우 창문인데….

오~, 아니에요. 우주선에서 창문은 정말 중요해요.

그 이유를 알아볼까요? 우주선을 타고 있는 상태에서 중력을 느낄 수 있는 경우는 두 가지예요. 우주선이 천체에 착륙해 있는 경우, 그리고 우주선이 우주 공간에서 가속 운동을 하고 있는 경우이지요.

그런데 이 두 경우에 우주선에 창문이 없다면 우주선이 천체에 착륙해 있는지 아닌지를 명확히 가늠할 수가 없다는 겁니다. 창이 있어야 밖을 내다보고 알 수가 있는 것이죠.

정말요? 왜 그렇죠?

우리는 중력이라고 하면 으레 천체만을 생각하지만 가속도 역시 중력을 만들어 낼 수 있지요. 즉 우주선의 가속은 관성력을 야기하고 동등한 세기의 중력으로 이어지게 되니까, 우주선에서 느끼는 중력이 천체에 의한 것인지 가속 운동으로 생긴 것인지를 알 방도가 없지요.

아, 그럼 가속도와 관성력, 관성력과 중력이 다르지 않다는 말이네요?

그렇습니다. 이것을 등가 원리라고 부르죠.

가속도와 중력이 깊은 연관이 있다는 건 뉴턴 시대 이후 잘 알려진 사실이지만 가속도와 중력이 같다는 생각은 아인슈타인 이전에는 그 누구도 그려 보지 못한 것이었답니다.

역시 아인슈타인은 천재였군요.

6

중력과 공간

태양 둘레를 공전하는 지구의 운동을 아인슈타인은 공간의 휨이라 했어요.
중력은 공간을 휘게 하는데, 이는 물질이 중력을 낳기에
결국 물질이 공간을 휘게 한다는 것입니다.

여섯 번째 수업

중력과 공간

에딩턴이 아인슈타인의
중력 연구에 대한 이야기로
여섯 번째 수업을 시작했다.

아인슈타인은 가속도와 중력이 동등하다는 걸 알아내었습
니다. 아인슈타인이 다음으로 밝혀낸 사실은 무엇일까요?

아인슈타인은 뉴턴의 중력 법칙을 근본부터 새롭게 따져
보기 시작했습니다.

사고 실험을 하겠습니다.

모든 천체는 중력을 서로 주고받아요.

지구와 태양도 마찬가지예요.

지구가 태양 둘레를 공전하는 이유예요.

이것은 뉴턴의 중력 법칙에 충실한 해석입니다. 아인슈타인은 이러한 해석에 의문을 던진 것입니다.

사고 실험을 이어 가겠습니다.

지구가 태양에 작용하고 태양이 지구에 작용하는 힘이란 게,

아무리 생각해도 납득하기가 곤란해요.

뉴턴은 중력이 순식간에 전해진다고 말해요.

그러니까 태양과 지구가 주고받는 중력도 서로에게 순식간에 전달

된다는 얘기예요.

순간적이라는 건 속도가 무한하다는 거예요.

이건 옳지 않아요.

무한한 속도란 없기 때문이에요.

지금껏 알려진 가장 빠른 속도는 광속이거든요.

광속의 속도는 초속 30만 km입니다. 그래서 태양에서 방출한 태양 광선이 지구까지 날아오는 데도 8분 20여 초 정도의 시간이 걸린답니다. 그러니 아인슈타인의 입장에서는, 중력이 지구와 태양을 순간적으로 이동한다는 데 의심을 품지 않을 수 없었던 겁니다.

과학자의 비밀노트

광속(speed of light)

빛의 빠르기를 말한다. 일반적으로 빛의 진동수와 전달되는 물질의 종류에 따라 다르나, 진공 속에서는 진동수에 관계없이 초속 약 30만 km라고 알려져 있다.

아인슈타인의 상대성 이론에 따르면 어떤 물체라도 광속보다 빠른 것은 없다고 한다.

1607년 갈릴레이가 처음 시도한 광속 측정 실험은 지상의 두 지점 사이를 빛이 통과하는 시간으로부터 구하려 한 것으로서 원리적으로는 옳으나 광속이 지나치게 빨라 실패하고 말았다.

실제로 그 값이 측정된 것은 1676년 뢰머가 관측한 목성 주위에 있는 위성의 식주기 변화에 기초한 것이 최초이다. 그 후 1728년 브래들리, 1847년 피조, 1850년 푸코, 1926년 마이컬슨 등 많은 학자들이 각각 독자적인 방법으로 측정하였다.

사고 실험을 계속하겠습니다.

지구는 쉬지 않고 태양 둘레를 공전해요.

지구와 태양이 이러한 운동 상태를 유지할 수 있는 건,

두 천체 사이에 중력이 개입하고 있기 때문이라는 게 뉴턴의 설명

이에요.

그런데 곰곰이 생각해 보면, 지구와 태양 사이에 중력이 작용한다

는 게 어딘지 모르게 어색해요.

붙들어 매려면 무엇인가 둘을 연결시켜 주는 게 있어야 해요.

 그런데 태양과 지구 사이에는 가느다란 명주실 하나도 연결되어 있지 않아요. 아무리 생각해도, 태양과 지구 사이에 잡아당기는 힘이 작용한다고 보기는 어려워요.
 여기서 아인슈타인이 생각해 낸 답이 공간의 휘어짐이었습니다. 즉, 중력이 공간을 휘게 한다는 것이었습니다.
 사고 실험을 계속하겠습니다.

중력은 공간을 휘게 해요.
태양은 중력이 있어요.
그러니 태양 주변의 공간은 어떠한 형태로든 휘어 있을 거예요.

그 휘어진 공간을 따라서 지구가 공전하는 거예요.

이 얼마나 참신한 해석입니까! 휘어져 있는 공간을 따라서
움직이는데 잡아당기고 말고가 뭐가 있겠습니까?

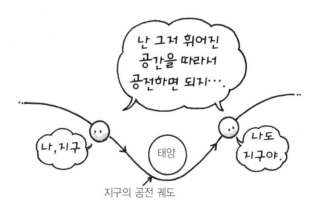

지구의 공전 궤도

지구는 태양 주변에 나 있는 굽은 길을 따라서 자연스럽게 지나가면 되는 겁니다.

아인슈타인의 중력

아인슈타인은 중력이 공간을 휘게 한다는 사실을 더 깊이 파고듭니다.

사고 실험을 하겠습니다.

결과에는 반드시 그에 앞선 원인이 있어요.

이걸 인과율이라고 해요.

그러니 공간을 휘게 한 원인이 있을 거예요.

지구나 화성, 태양 같은 천체는 물질로 구성되어 있지요.

중력이 공간을 휘게 한다고 했어요.

중력이 공간 휨의 원인인 거예요.

하지만 중력이 그 답의 근원은 아닌 것 같아요.

중력이 왜 생기나요?

이야기가 좀 어려운가요?

자, 그러면 중력은 어디서 생기나요?

지구나 화성, 태양 같은 천체에는 중력이 있어요.

이들 천체가 무엇으로 구성되어 있지요?

물질이에요.

그래요, 물질이 중력을 낳는 거예요.

그렇습니다. 중력이 공간을 휘게 한다는 것은 결국 물질이

공간을 휘게 한다는 말과 같은 의미입니다.

물질이 공간을 휘게 한다.

뉴턴이 그린 중력은 뭔가 의미심장한 내용을 내포하고 있는 듯한 특별한 존재처럼 보였습니다. 그러나 아인슈타인이 생각한 중력은 별다른 의미를 포함하고 있지 않은 그저 평범한 물질이었습니다.

아인슈타인의 예측

태양 둘레를 공전하는 지구의 운동을 뉴턴과 아인슈타인은 다르게 해석했지요. 이렇게 말입니다.

뉴턴의 해석 : 중력의 당기는 힘
아인슈타인의 해석 : 공간의 휨

아인슈타인은 중력과 공간의 휨을 따로 떼어내어서 생각하지 않았던 겁니다. 아인슈타인은 이러한 견해를 명백히 입증할 필

요가 있었습니다. 그렇지 않으면 그건 한낱 말장난에 불과할 테
니까요.

아인슈타인은 이렇게 호언했습니다.

개기 일식이 일어나는 날 태양 주변을 관측하면, 별빛이 휘는 걸 분
명히 확인할 수가 있을 것이다.

뉴턴이냐, 아인슈타인이냐

아인슈타인은 태양 주변에서 빛이 휠 거라고 예측했습니
다. 그렇다면 이 관측을 통해서 궁극적으로 밝혀지는 게 있
을 겁니다. 그것이 무엇이겠습니까? 말 그대로, 태양 주변에

빛의 휨 측정이 갖는
진정한 가치는 뉴턴 물리학이
무너지느냐, 아니냐입니다.

서 빛이 휜다는 걸까요, 아니면 태양의 중력이 빛을 휘게 한다는 걸까요?

이들은 피상적인 현상일 뿐입니다. 빛의 휨 측정이 내포하고 있는 진정한 가치는 뉴턴 물리학이 무너지느냐, 아니냐에 있습니다. 아인슈타인이 등장하기 전까지, 뉴턴이 세운 물리학은 누구도 넘볼 수 없는 것이었습니다. 그런데 아인슈타인이 나타나서 그걸 송두리째 무너뜨리려 하고 있는 것입니다.

뉴턴 물리학이 그리는 공간은 평평합니다. 반면 아인슈타인이 그리는 공간은 휘어 있습니다. 이걸 확인하기 위해서 태양 주변을 지나는 빛의 휨을 측정하려는 것입니다.

뉴턴의 공간 : 평평한 공간
아인슈타인의 공간 : 휜 공간

사진 찍기

1919년 3월 초, 에딩턴의 조국인 영국은 아인슈타인의 예측을 확인하기 위해 관측 팀을 두 팀 보냈습니다. 한 팀은 아프리카의 프린시페 섬으로 향했고, 또 한 팀은 브라질 북쪽의 소브랄로 향했습니다. 프린시페 팀은 내가 인솔했고, 소브랄 팀은 왕립천문학자 크로멜린이 이끌었습니다.

우리는 일식 예정일보다 한 달가량 앞서서 목적지에 도착했습니다. 일식 전날까지 프린시페 섬에는 수개월 동안 비가 내리지 않았습니다. 나는 그날도 비가 내리지 않기를 고대했습니다. 그래야 선명한 사진을 얻을 수 있기 때문이었습니다.

1919년 5월 29일, 운명의 날이 왔습니다. 그러나 나는 이상한 소리에 잠을 깼고, 망연자실하지 않을 수 없었습니다. 비가 내리고 있었던 겁니다.

'하필 왜 오늘…….'

나는 넋을 잃은 표정으로 무심한 하늘을 올려다보았습니다. 비가 그쳐 주기만을 비는 것밖에는 할 수 있는 일이라곤 없었으니까요. 그나마 위안이 된다면 크로멜린이 이끄는 팀이었습니다. 나는 크로멜린을 떠올렸습니다.

'그쪽엔 비가 내리지 않아야 할 텐데…….'

일식 시간이 가까워졌을 때 비가 그쳤습니다. 천만다행이었습니다. 그러나 구름은 완전히 걷히지 않았습니다. 욕심을 부리자면 한이 없을 테지만, 이것만도 감사해야 했습니다.

왜 하필 오늘 비가?

우리는 일식 사진을 찍었습니다.

찰칵, 찰칵, 찰칵…….

찍은 사진은 총 16장이었습니다. 나는 사진을 부랴부랴 검토했습니다. 10장은 쓸모가 없었고, 남은 6장 중 4장은 별이 희미해서 도저히 사용할 수가 없었습니다. 나머지 두 장의 사진으로 확인 작업에 들어갔습니다.

"아인슈타인의 예측이 옳은 것 같은데…….."

내가 내뱉은 이 말에 일순 술렁거렸습니다. 그러나 흥분은 아직 일렀습니다. 이 사진 자료만으로 확정적인 결론을 내리기엔 미흡했던 겁니다.

나는 좀 더 정밀한 검증을 하루빨리 하고 싶은 욕망에 애간장이 탔습니다. 영국으로 돌아오는 내내 소브랄 팀이 찍은 사진이 선명하길 기대했습니다.

사진 분석 발표

소브랄에는 비가 내리지 않았습니다.

그러나 그쪽도 문제가 없는 건 아니었습니다. 뜨거운 태양 열에 초점 거리에 문제가 생겼던 겁니다. 그래도 우리보다는 나았습니다.

영국에서의 사진 판독 작업은 긴장의 연속이었습니다. 자칫 사소한 오차가 잘못된 결과를 낳을 수 있기 때문이었습니다.

아인슈타인도 영국의 과학자들이 자신의 이론을 검증하고 있다는 걸 알고 있었습니다. 아인슈타인은 그 결과를 초조히 기다렸습니다.

마침내 운명의 그날이 왔습니다.

1919년 11월 6일, 영국 런던의 발표장에는 그날의 심판 대 상인 뉴턴의 초상화가 존엄하게 걸려 있었습니다. 그날의 참 석자들 대개가 영국의 내로라하는 인물이었고, 발표자들 또 한 영국의 저명한 학자들이었습니다.

회의장은 발표 시작 전부터 당혹스러운 긴장감으로 술렁거 렸습니다. 20세기의 대표적 학자인 화이트헤드는 그날의 분 위기를 이렇게 술회했습니다.

"회의장 전체에 감돈 긴장감은 매우 고풍스럽고 숭고했습

니다. 예스러움이 그윽하게 풍긴 의식은 아주 엄숙하게 진행
되었습니다."

첫 발표자는 왕립 천문학자 다이슨이었습니다.

"두 원정대 중 한 팀은 궂은 날씨 탓에, 또 한 팀은 땡볕 탓
에 사진을 찍는 데 어려움을 겪었습니다. 오차 범위 내에서
사진을 판독하는 작업은 만만한 일이 아니었습니다. 그래서
그 어떤 검증보다 세심한 주의를 기울였습니다. 결과는 아인
슈타인이 예측한 대로였습니다. 우리는 이 사실을 기꺼이 받
아들여야 합니다."

발표가 끝나자, 쥐 죽은 듯이 고요했던 실내가 한순간 혼란
스러워졌습니다. 여기저기서 탄식하는 듯한 음성이 터져 나
왔고, 저마다의 눈빛은 어찌할 바를 모르며 당혹해하는 기세

가 역력했습니다.

다음 발표자는 나, 에딩턴이었습니다.

"프린시페로 떠난 우리 팀이 찍어 온 사진 자료로도 아인슈타인의 예측이 옳다는 걸 확인할 수 있었습니다."

뒤이어 크로멜린이 결과를 발표했습니다.

"우리가 찍은 사진 판독 결과도 마찬가지였습니다."

이로써 영국 과학의 자존심 뉴턴이 침몰하게 된 셈입니다. 설마 하던 분위기는 일순 뒤바뀌었습니다. 하지만 대다수 영국의 지식인은 아인슈타인의 공적을 받아들이고, 그를 높이 평가하는 데 주저하지 않았습니다.

왕립학회 회장인 톰슨은 그날의 만찬에서 이렇게 말했습니다.

과학자의 비밀노트

톰슨(Joseph Thomson, 1856~1940)

영국의 맨체스터에서 태어난 실험 물리학자이다. 1894년 케임브리지 대학교 교수, 1905년 왕립연구소 교수, 1918년 케임브리지 대학교 트리니티 칼리지 학장을 역임하였다. 근대 원자 물리학 여명기의 캐번디시 연구소의 중심 인물이었다. 기체 방전을 연구하여 전자의 존재를 증명하였으며, 양극선에 관한 연구로 입자를 질량에 의해 분리시키는 방법을 창안하고 분석기를 제작하여 네온의 동위 원소 분리에 성공하였다. 이 공로로 1906년 노벨 물리학상을 수상하였다.

"오늘의 발표는 뉴턴 이후 중력과 관련되어 나온 이론 중에서 가장 혁혁한 것이었습니다. 아인슈타인의 이론은 인간의 사고가 이끌어 낼 수 있는 최고의 지적 성취 가운데 하나라고 봅니다."

영웅 아인슈타인의 탄생

1919년 11월 7일, 영국의 〈런던 타임스〉는 전날의 발표를 대서특필했습니다.

과학의 혁명, 새로운 이론이 뉴턴을 뒤엎다. 공간은 휘어 있다!

아인슈타인의 중력 이론은 최고의 지적 성취 가운데 하나입니다.

우주의 구조에 대한 기존의 생각은 완전히 바뀌어야 한다.

뒤이어 미국의 〈뉴욕 타임스〉가 보도했습니다.

하늘의 빛은 굽어 있다. 아인슈타인의 승리!

전 세계 언론은 연일 아인슈타인을 영웅시하고 신격화하기까지 했습니다.

과학의 공산 혁명,

시간과 공간의 파괴자,

아인슈타인, 끝내 뉴턴을 침몰시키다!

　　아인슈타인의 유명세는 독일에서도 이어졌고, 수많은 기자들이 그를 인터뷰하기 위해 연일 찾아왔습니다. 아인슈타인은 하루아침에 일약 세계 최고의 과학자로 우뚝 서게 된 것이었습니다.

이 우주선은 지구를 출발해 30분 후에 해왕성에 도착할 예정입니다.

와, 정말 그 먼 곳을 30분 만에 갈 수가 있나요?

하하, 물론이죠. 이게 다 휘어진 공간을 이용한 이동이 가능해졌기 때문이랍니다.

공간이 휘어져요?

그럼요. 이런 생각을 처음한 사람은 아인슈타인인데, 그는 중력은 공간을 휘게 한다고 생각했어요.

중력은 공간을 휘게 해!

예를 들면 태양은 중력이 있으니까 주변 공간은 휘어 있을 테고, 그 휘어진 공간을 따라서 지구가 공전하는 거랍니다. 참신한 해석이지요?

와~, 진짜 참신하네요.

휘었어.

아인슈타인은 이 사실을 더 깊이 파고들어서 공간을 휘게 한 원인에 대해서 생각했답니다. 중력이 공간을 휘게 한다고 했지만 중력이 그 답의 근원은 아니기 때문이죠.

그럼 뭐죠?

중력은 어디서 생길까요? 지구나 화성, 태양 같은 천체에는 중력이 있는데, 이들 천체는 물질로 구성되어 있잖아요. 바로 물질이 중력을 낳는 것이랍니다.

물질이요?

물질구성

뉴턴이 그린 중력은 뭔가 특별한 존재처럼 보였지만, 아인슈타인이 생각한 중력은 그냥 평범한 물질이었던 것입니다.

와~, 생각하기에 따라서 많은 차이가 있었네요.

하나의 별이 여러 개로

물질과 중력이 공간을 휘게 한다고 했지요.
백색 왜성은 태양의 수만 배에 이를 정도로 중력이 강해요.
지구와 별 사이에 있는 백색 왜성 때문에 별빛이 휘어져 여러 개로 보입니다.

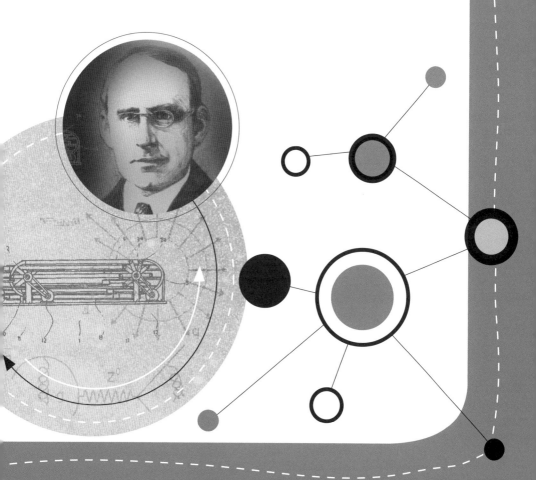

7

일곱 번째 수업

하나의 별이 여러 개로

에딩턴이 아인슈타인의
또 다른 업적을 소개하기 위해
일곱 번째 수업을 시작했다.

중력 렌즈 1

아인슈타인의 위대한 업적은 물질과 중력이 공간을 휘게
한다는 것에서 끝나는 걸까요?

물론 그렇지 않습니다. 아인슈타인은 또 다른 환상적인 현
상을 예측합니다.

사고 실험을 해 보겠습니다.

지구, 백색 왜성, 별이 일렬로 정렬해 있어요.

별

 백색 왜성

지구

백색 왜성이 지구와 별 사이에 끼어 있어서, 지구에서 보면 별은 가려진 셈이에요.

정상적으로는 보일 수가 없는 거예요.

백색 왜성은 흰색을 발하는 난쟁이 별이란 뜻입니다. 1915년, 미국의 천문학자인 애덤스(Walter Adams, 1876~1956)가 시리우스 옆에 있는 별(시리우스의 짝별)이 백색 왜성이라는 걸 알아내었지요.

백색 왜성은 태양과 엇비슷한 질량을 가지고 있으면서도 크기는 지구 정도에 지나지 않습니다. 그래서 중력의 세기가 태양의 수만 배에 이르지요.

과학자의 비밀노트

백색 왜성(White dwarf)
별은 진화의 마지막 단계에 이르면 표면 물질을 행성상 성운으로 방출하고, 남은 물질들은 작지만 매우 온도가 높은 흰색의 별이 되는데, 이것이 백색 왜성이다. 행성상 성운이란 별의 중력을 벗어나 우주 공간으로 흘러나가 밝게 빛나는 성운을 말한다. 백색 왜성의 질량은 태양의 1.4배 이하, 크기는 평균 지구 정도이며, 핵융합 반응 없이, 천천히 식다가 빛을 내지 못하는 어두운 물질로 일생이 끝난다.

사고 실험을 계속하겠습니다.

별이 빛을 방출해요.

별빛이 백색 왜성 근처를 지나요.

백색 왜성은 중력이 워낙 강해요.

태양의 수만 배에 이르러요.

그러니 백색 왜성 주변의 공간은 어떻겠어요.

태양 주변과는 비교할 수 없을 만큼 상당히 휘어져 있을 거예요.

백색 왜성이 중간에 없다면, 별빛은 그냥 직진할 거예요.

공간이 휘어 있지 않으니까요.

그러나 지구와 별 사이에는 백색 왜성이 위치해 있어요.

백색 왜성 근처를 지나는 별빛은 휜 공간을 따라서 심하게 굽을 거예요.

백색 왜성 안쪽으로 말이에요.

여기까지는 태양 주변에서 별빛이 휘는 것과 별반 다를 게 없습니다. 다만, 별빛이 휘는 각도가 태양 주변과는 비교할 수 없을 정도로 크다는 점이 다를 뿐이지요.

이제 이 별빛을 관측해야 하는데, 나는 내가 관찰자가 되었다고 생각하면서 사고 실험을 할 겁니다. 여러분은 여러분이 관찰자가 되어서 사고 실험을 해 보세요.

사고 실험을 이어 가겠습니다.

나는 지구에 있어요.

천체 망원경으로 휘어진 별빛을 보고 있어요.

나는 우선, 백색 왜성의 왼쪽을 굽어 지나는 별빛을 보아요.

별이 보여요.

믿기 어려운 일이에요.

백색 왜성에 가려져서 보이지 않아야 하는 별이 보이는 거예요.

내 눈은 별빛이 직진해서 날아온 걸로 받아들이기

때문이에요.

그래서 나와 백색 왜성의 왼쪽을 잇는

선상 저 너머에 별이 떠 있다고 믿는 거예요.

이 얼마나 신기한 현상입니까? 그러나 신비로움은 여기서
그치지 않습니다.

중력 렌즈 2

사고 실험을 하겠습니다.

이번에는 백색 왜성의 오른쪽으로 지나는 별빛을 보고 있어요.

내 눈은 이 별빛이 나와 백색 왜성의 오른쪽을 잇는 선상 저 너머

에서 날아온 것이라고 믿어요.

나는 결국 백색 왜성 주변에 별이 2개 떠 있다고 믿는 거예요.

하나는 백색 왜성의 왼쪽 선상에,

다른 하나는 백색 왜성의 오른쪽 선상에 있는 별을요.

그러나 이 두 별은 진짜 별이 아니에요.

눈의 착시 현상이 만들어 낸 가짜 별이에요.

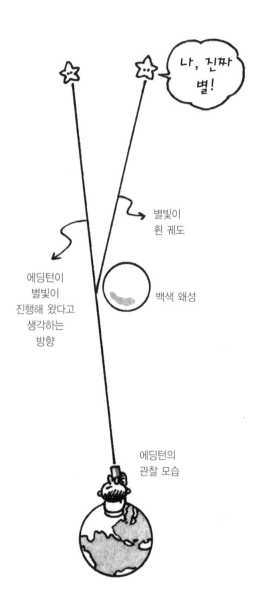

나, 진짜 별!

별빛이
휜 궤도

에딩턴이
별빛이
진행해 왔다고
생각하는
방향

백색 왜성

에딩턴의
관찰 모습

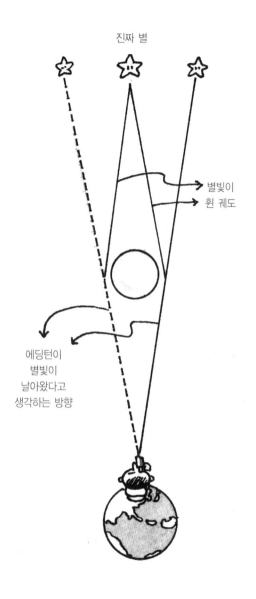

진짜 별

별빛이
휜 궤도

에딩턴이
별빛이
날아왔다고
생각하는 방향

진짜 별은 백색 왜성 뒤에 숨어 있는 별이에요.

원래는 하나인 별이, 양팔 벌린 곳에 하나씩 걸려 있는 것처럼,

좌우 양쪽 하늘에 따로 떠 있는 것처럼 보이는 거예요.

참으로 신비한 현상이 아닐 수 없습니다. 실제로는 하나의 별인데, 좌우 양쪽에 다른 별 2개가 반짝반짝 빛나고 있는 것처럼 보이는 겁니다. 선뜻 받아들이기가 어려운 오묘한 우주의 신비이지요.

아인슈타인은 이것을 중력 렌즈 현상이라고 불렀습니다. 백색 왜성처럼 중력이 강한 천체가 빛을 휘게 하는 작용이, 렌즈가 빛을 굴절시키는 것과 비슷하다고 해서 이렇게 이름 붙인 것이랍니다.

아인슈타인의 고리

'중력 렌즈 현상'을 확장해서 사고 실험을 하겠습니다.

별은 사방으로 빛을 방출해요.

백색 왜성의 왼쪽과 오른쪽으로만 빛을 방출하는 게 아니란 말이에요.

위나 아래로도 빛을 방출하는 거예요.

그래서 지구에서 관찰하고 있는 내 눈에는,

왼쪽과 오른쪽 외에 위와 아래쪽으로 지나는 별빛도 들어와야 하는 거예요.

그래요, 나는 그 별빛을 볼 수 있어요.

나는 그 별빛이, 백색 왜성의 왼쪽과 오른쪽을 지난 별빛처럼,

나와 백색 왜성의 위쪽과 아래쪽을 잇는

선상 저 너머에서 날아온 거라고 믿어요.

백색 왜성의 왼쪽과 오른쪽 말고도,

위와 아래로도 새로운 별 2개가 더 떠 있다고 믿는 거예요.

결국 나는 백색 왜성 주변에 별이 4개 떠 있다고 믿는 거예요.

왼쪽, 오른쪽, 위, 아래 이렇게 4개의 별이 말이에요.

하나의 별이 4개로 보이는 겁니다. 4개의 쌍둥이별로 말입니다.

사고 실험을 계속하겠습니다.

어디 이뿐일까요?

왼쪽과 위 사이 공간으로도 별빛은 지나갈 거예요.

오른쪽과 위 사이 공간으로도 지나갈 거고,

왼쪽과 아래 사이 공간으로도 지나갈 거고,

오른쪽과 아래 사이 공간으로도 지나갈 거예요.

이렇게 되면 별은 8개가 떠 있는 걸로 보이게 돼요.

이젠 하나의 별이 4개도 모자라서 8개로 훌쩍 변신한 거나 마찬가지예요.

사고 실험을 이어 가겠습니다.

별의 변신술은 여기서 그치지 않아요.

별빛은 별과 별 사이사이의 공간으로도 지나갈 테니까요.

백색 왜성의 둘레로 한 치의 빈틈없이 말이에요.

이건 백색 왜성 둘레로 별이 원을 그리며 가득 무리 지어 있는 형상이에요.

백색 왜성 주위로 별의 둥근 고리가 형성되는 거예요.

천체 주위로 둥글게 만들어지는 별 무리의 둥근 띠, 이것을 아인슈타인의 고리라고 부릅니다.

아인슈타인의 고리를 볼 수 있다면 얼마나 환상적일까요?

아인슈타인 고리가 만들어지기 위해서는 중력이 굉장히 강한 천체가 지구와 별 사이에 위치해야 합니다. 그래야 지나가는 별빛 모두를 휘게 할 수 있을 테니까요.

백색 왜성보다 강력한 중력을 내뿜는 천체라면, 중성자별과 블랙홀이 있습니다. 중성자별의 중력은 백색 왜성의 수백만 배에 이릅니다. 그러나 이 정도로도 별빛 모두를 휘게 할 수는 없습니다. 그렇다면 믿을 존재는 블랙홀밖에 없지요.

완벽한 형태의 아인슈타인 고리는 아직까지 발견되지 않고 있습니다. 중력의 세기가 무한대인 블랙홀이 그걸 찾아내 줄 수 있는 단서를 제공해 주었으면 하고 바랍니다.

선생님, 아인슈타인의 '중력 렌즈 현상'이 뭔가요?

백색 왜성처럼 중력이 강한 천체가 빛을 휘게 하는 작용이에요. 렌즈가 빛을 굴절시키는 것과 비슷해서 붙인 이름이죠.

요 렌즈처럼 빛을 휘게 만든다고

좀 어려워요. 자세히 설명해 주세요.

음…, 실제로는 하나의 별인데, 좌우 양쪽에 다른 별 두 개가 반짝반짝 빛나고 있는 것처럼 보이는 현상이지요.

원래별   이미지 A   강한 중력을 가진별

이미지 B   두개로 보인다

지구, 백색 왜성, 별이 일렬로 정렬해 있으면 백색 왜성이 별을 가리기 때문에 지구에서 별은 정상적으로 보일 수가 없어요.

백색 왜성이 그렇게 큰가요?

별

백색 왜성

지구

지구만 한 크기이지만, 질량이 태양과 엇비슷해서 중력의 세기가 태양의 수만 배에 이르지요.

그러면 백색 왜성 주변 공간은 태양 주변과는 비교할 수 없을 만큼 상당히 휘어져 있겠네요.

그래서 백색 왜성 근처를 지나는 별빛은 백색 왜성 안쪽의 휜 공간을 따라서 심하게 굽게 되지요.

그럼 지구에서 백색 왜성에 가려져서 보이지 않아야 하는 별이 보이겠군요.

백색왜성   지구

맞아요. 지구에서 보는 별은 진짜 별이 아니라 눈의 착시 현상이 만들어 낸 가짜 별인 셈이죠. 진짜 별은 백색 왜성 뒤에 숨어 있는 별이에요.

정말 신비한 현상이네요.

진짜별   백색왜성   지구

가짜별

8

중력의 왕, 블랙홀

중력이 강할수록 공간은 심하게 휘고
중력의 세기가 너무 강해 빛조차 빠져나오지 못하는 천체가 있을 수 있습니다.
블랙홀에 대해 자세하게 알아봅시다.

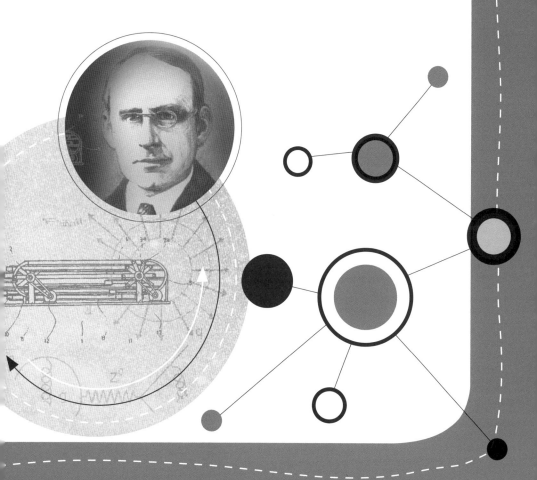

마지막 수업

중력의 왕, 블랙홀

에딩턴이 중력의 왕인
블랙홀에 대한 이야기로
마지막 수업을 시작했다.

블랙홀의 역사

검은 하늘 속, 별무리 중엔 모든 걸 빨아들이는 괴물 천체
가 있습니다. 블랙홀(black hole)이 그것이지요. 우리말로는
'검은 구멍'이라고 합니다.

뉴턴은 고전적 중력 이론의 체계를 엄밀히 세웠습니다. 뉴
턴의 뒤를 이어 천체를 관측하던 영국의 과학자 미첼(John
Michell, 1724~1793)은 이렇게 말했습니다.

"중력의 세기가 매우 강해 한번 휩쓸려 들어가면 빛조차 빠

미첼과 라플라스의 생각은 획기적인 건이었지만 너무 앞서 나갔다는 게 문제라면 문제였습니다.

져나오지 못하는 천체가 있을 수 있습니다."

미첼의 생각은 프랑스의 과학자인 라플라스(Pierre Laplace, 1749~1827)의 지지를 받았습니다. 라플라스는 여기에서 한 단계 더 나아가 이렇게까지 말했습니다.

"이러한 천체는 우리 눈에 보이지 않을 겁니다."

미첼과 라플라스의 생각은 분명 획기적인 것이었습니다. 하지만 너무 앞서 나갔기에 쉽게 받아들여지지 못했습니다.

수면 아래로 가라앉아 있던 블랙홀이 다시 살아난 것은 아인 슈타인이 나타나고부터였습니다. 아인슈타인이 상대성 이론을 발표하면서부터 블랙홀이 다시 거론되기 시작한 겁니다. 그러나 블랙홀에 대한 과학자들의 태도는 여전히 믿기 어렵다는 수준이었습니다. 그러다가 미국의 이론 물리학자 휠러(John Wheeler, 1911~2008)가 빛조차 빠져나오지 못하는 천체를

'블랙홀'이라고 부르면서부터 과학자들이 블랙홀에 깊이 빠져들기 시작했고, 호킹(Stephen Hawking, 1942~)이 거기에 가세하면서 블랙홀 연구에 불이 당겨졌습니다.

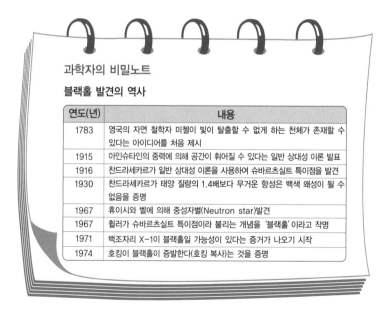

과학자의 비밀노트

블랙홀 발견의 역사

연도(년)	내용
1783	영국의 자연 철학자 미첼이 빛이 탈출할 수 없게 하는 천체가 존재할 수 있다는 아이디어를 처음 제시
1915	아인슈타인의 중력에 의해 공간이 휘어질 수 있다는 일반 상대성 이론 발표
1916	찬드라세카르가 일반 상대성 이론을 사용하여 슈바르츠실트 특이점을 발견
1930	찬드라세카르가 태양 질량의 1.4배보다 무거운 항성은 백색 왜성이 될 수 없음을 증명
1967	휴이시와 벨에 의해 중성자별(Neutron star)발견
1967	휠러가 슈바르츠실트 특이점이라 불리는 개념을 '블랙홀'이라고 작명
1971	백조자리 X−1이 블랙홀일 가능성이 있다는 증거가 나오기 시작
1974	호킹이 블랙홀이 증발한다(호킹 복사)는 것을 증명

미지의 천체 블랙홀

블랙홀은 그 이름에서 풍기는 어감만으로도 뭔가 의미심장한 것이 담겨 있을 것 같습니다. 또한 사실이 그러합니다. 세상의 삼라만상을 꼭꼭 가두어 두고 있는 것이니, 그것이 담고 있는 자연의 비밀은 한두 가지가 아닐 겁니다.

블랙홀은 사정거리 내에 들어온 것들은 인정사정없이 순식간에 끌어들입니다. 행성이건 별이건 예외가 없습니다. 또한 같은 블랙홀끼리도 합쳐져서 점점 몸집을 불려 나갑니다. 이렇게 보면 우주의 미래는 결국 블랙홀에 달려 있는 것이나 마찬가지입니다. 그래서 우리는 블랙홀을 연구하지 않을 수 없는 것입니다.

블랙홀은 어떻게 탄생할까요? 그 과정을 사고 실험으로 간략히 살펴보도록 하겠습니다.

천체가 있어요.

태양보다 족히 수십 배는 더 무거운 별이에요.

그 별이 안으로 수축돼요.

별 속에서 강렬한 폭발이 일어나요.

어마어마한 충격파가 발생해요.

충격파는 별 껍데기를 송두리째 날려 버려요.

하지만 별의 내부는 그런대로 살아남아요. 껍데기를 잃어버렸지만, 원래 큰 몸집이었기에 그래도 태양보다 무거워요.

별은 이내 다시 수축을 시작해요. 별의 수축을 막을 방법이 없어요.

그러다 어느 순간, 별이 감쪽같이 사라져 버려요. 블랙홀이 탄생한 겁니다. 그 주변은 어떨까요?

사고 실험을 이어 가겠습니다.

별이 있던 곳을 천체 망원경으로 보아요.

그러나 보이는 게 없어요.

천체 망원경의 배율이 낮아서인가 싶어서,

최고의 초고배율 천체 망원경을 동원해서 그 지점을 다시 샅샅이 뒤져요.

그러나 보이지 않기는 마찬가지예요.

폭발해서 날아가 버린 것도 아닌데, 별이 보이질 않는 거예요.

대체 얼마나 작아졌기에 보이지 않는 걸까요?

가까이 가면 볼 수 있을 것이란 생각에 우주선을 타고 직접 날아가요.

하지만 근처인데도 찾을 수가 없어요.

더 가까이 다가가야 보일까요?

별을 찾을 수 없기는 여전해요.

더욱더 가까이 가 보지만, 별을 발견할 수 없기는 매한가지예요.

미련이 남아서 더 깊이 들어가 보아요.

그 순간 힘이 느껴져요.

우주선을 강하게 끌어당기는 힘 말이에요. 갑자기 두려워져요.

아무것도 보이지 않는데 어떻게 힘이 작용하는 걸까요?

힘은 도대체 어디에서 나오는 걸까요?

황급히 사방을 둘러보지만 아무것도 보이지 않아요.

힘을 낼 만한 것이라곤 아무것도 보이지 않는데,

우주선을 당기는 힘은 더욱더 강해져요.

별은 보이지 않고, 웬 힘이 이렇게 작용하는 거지?

역추진 장치를 최대로 가동시켜도 소용이 없어요.

그 어떤 발버둥도 끌어당김에서 빠져나올 수가 없다는 거예요.

이내 우주선도 사라져 버리고 말아요.

이게 무슨 조화란 말입니까? 별은 대체 어디에 숨어 있고,

우주선은 어디로 사라진 것입니까?

휘어진 시공간

아인슈타인은 빛이 휘는 현상을 이렇게 해석했습니다.

중력이 공간을 휘게 한다.

그렇습니다. 중력이 강할수록 공간은 심하게 휘고, 천체는 그 굽은 길을 따라서 운동하게 됩니다.

이러한 상황은 신축성이 좋은 천에 떨어뜨린 쇠공을 생각하면 이해가 쉽습니다. 신축성이 좋은 천의 중심에 큰 쇠공을 놓으면 가운데가 푹 꺼지지요. 이때 작은 쇠공을 놓으면 큰 쇠공 쪽으로 곧장 직진해서 가지 못하고 회전하면서 다가가게 됩니다. 여기서 큰 쇠공을 중력이 강한 천체, 작은 쇠공을 빛, 신축성이 좋은 천을 휜 공간이라고 하면 작은 쇠공이 이동하는 궤도가 실제 빛이 나아가는 길이 되는 겁니다.

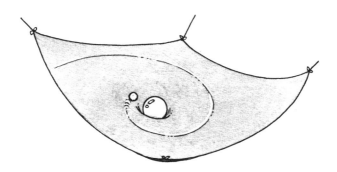

태양과 같은 그다지 밀도가 높지 않은 주변 공간도 사정이 이러한데, 그보다 수십, 수백 배 무거운 천체의 주변은 어떠하겠습니까? 그 주변을 지나는 빛은 꺾이는 정도에 그치지

않고 삽시간에 중심으로, 다시는 빠져나오지 못하는 미궁 속으로 빨려들어 갈 겁니다.

　이것이 바로 블랙홀입니다.

　중력이 무한히 강하다 보니, 빛은 말할 것도 없고, 시간 자체도 멈추어 버리게 됩니다.

블랙홀에 다가가면

블랙홀에 다가가면 밝기는 어떻게 변할까요?

사고 실험으로 알아보겠습니다.

내가 탄 우주선이 블랙홀을 향해서 출발해요.

우주선에는 신호등이 달려 있어요.

신호등에 불이 번쩍 들어와요.

우주선이 블랙홀에 한껏 다가선 상태예요.

중력이 서서히 느껴져요.

신호등에서 나온 불빛의 일부가 블랙홀 속으로 끌려들어 가요.

신호등 불빛의 밝기가 다소 약해져요.

우주선과 블랙홀 사이의 거리가 더욱 가까워져요.

중력의 세기가 굉장해요.

신호등에서 나온 불빛 대부분이 블랙홀로 빨려들어 가요.

신호등은 불빛을 내보내고 있는지 아닌지도 분간하기 어려울 정도
예요.

우주선이 블랙홀 표면에 가 닿아요.

신호등은 불빛을 거의 밖으로 내보내지 못해요.

이내 우주선이 블랙홀 속으로 빨려들어 가요.

신호등 불빛은 말할 것 없고

신호등과 우주선 자체가 우리 시야에서 아예 사라져 버려요.

이처럼 블랙홀에 다가가면서 불빛은 점점 약해지다가, 블랙홀 속으로 빨려들어 가면 불빛의 존재 자체가 사라져 버린답니다.

그렇다면 음성은 어떻게 변할까요?

사고 실험을 하겠습니다.

우주선이 블랙홀을 향해 떠나요.

나는 출항의 기분을 전해요.

기분 최고예요.

어떤 경험을 하게 될지 가슴이 설레요.

내 음성은 아직은 지구에서 듣던 때와 다르지 않아요.

그러나 블랙홀의 중력권으로 들어서자 사정이 달라져요.

나는 외쳐요.

"나는 블랙홀로 뛰어든 최초의 지구인이에요!"

내 목소리가 다소 늘어져요.

이런 현상은 블랙홀에 다가갈수록 점점 뚜렷해져요.

내 목소리가 더욱 느려져요.

"나는"이라고 들릴 음성이

"나…… 아…… 는……"이라고 늘어지는가 싶더니

"나…… 아아아…… 는……"이라고 계속 늘어져요.

음성이 이렇게 늘어지다가 결국 어떻게 되겠어요? 그래요,
블랙홀 속으로 진입하는 순간 내 목소리는 아예 들리지 않게
됩니다.

블랙홀로 다가가면 내 몸은 어떻게 될까요?

사고 실험으로 알아보지요.

중력은 멀수록 약해져요.

그래서 발과 머리에 작용하는 중력은 당연히 차이가 나요.

그러나 우리는 지구에서 그 차이를 거의 느끼지 못해요.

지구 중력이 그다지 강하지 않기 때문이에요.

내가 다리부터 블랙홀로 뛰어들어요.

발과 머리에 중력이 느껴져요.

그러나 그 세기는 달라요.

발과 머리에서 느끼는 중력 차이가 실로 엄청나요.

다리 근육과 뼈는 길게 늘어나고,

머리 근육과 뼈는 그보다 짧게 늘어나요.

이러한 현상은 블랙홀에 다가갈수록 더욱 뚜렷해져요.

늘어나다, 늘어나다 결국 내 몸이 산산이 부서져요.

사람의 몸만 이렇게 비참한 최후를 맞는 건 아닐 겁니다.

우주선도 그럴 테고, 블랙홀 속으로 들어간 모든 사물이 다

그러한 비극적 최후를 맞을 것입니다.

블랙홀이 왜 공포의 천체인지 이젠 알겠죠?

블랙홀을 통한 우주여행

공간이 휘어 있다는 아인슈타인의 예측은 사람들로 하여금 자연의 신비에 다시 한 번 감탄케 했는데, 그중의 하나가 블랙홀이었답니다. 블랙홀은 다시 화이트홀로 이어지지요.

여기서 사고 실험을 하겠습니다.

자연계의 법칙 중에는 대칭성이라는 게 있어요.

대칭성이란 쉽게 생각해서,

들어감   나감

대칭성에 따르면,
들어가는 곳이 있으면
나오는 곳이 있어야
할 겁니다.

왼쪽이 있으면 오른쪽이 있고 위가 있으면 아래가 있다는 거예요.

들어가는 곳이 있으면, 나오는 곳이 있어야 할 거예요.

블랙홀은 빛이 들어가는 천체예요.

대칭성에 따라, 빛이 나오는 천체가 있어야 하는 거예요.

블랙(black, 검다)의 반대말은 화이트(white, 희다)예요.

블랙홀의 대칭되는 천체를 화이트홀(white hole, 흰 구멍)이라고 부르면 좋을 거예요.

천체물리학자들의 상상은 여기서 그치지 않았습니다.

이쪽에는 빛이 들어가는 블랙홀이 있어요.

그리고 저쪽에는 빛이 나오는 화이트홀이 있어요.

블랙홀과 화이트홀을 연결하는 길이 어딘가에 있을 거예요.

그 길을 따라서 가면 우주의 이쪽에서 저쪽으로 가는 게 한결 쉬울 거예요.

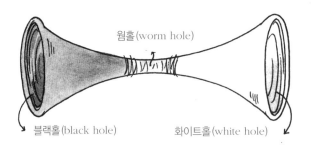

웜홀(worm hole)

블랙홀(black hole)　　　　　화이트홀(white hole)

블랙홀과 화이트홀을 이용하면 우주여행이 한결 손쉬워진다는 얘기입니다. 우주 공간 어느 곳인가에 뻥 뚫려 있을 그 연결 통로는 웜홀(worm hole, 벌레 구멍)이라고 부릅니다.

블랙홀이 존재한다는 건 여러 정황 증거로 이미 확인이 된 상태입니다. 남은 건 화이트홀을 발견하는 문제인데요, 이건 여러분이 해결해 주었으면 하는 마음입니다.

선생님, 블랙홀을 통해서 우주여행을 할 수 있다는 말이 무슨 말인가요?

자연계의 법칙 중에는 대칭성이라는 게 있어요.

쉽게 생각해서, 왼쪽이 있으면 오른쪽이 있고, 위가 있으면 아래가 있다는 것이죠.

그런데요?

위 / 아래 / 왼쪽 / 오른쪽

그러니까 빛이 들어가는 천체가 있으면 대칭성에 따라, 빛이 나오는 천체가 있어야 하는 거예요.

그러면 블랙홀도 대칭이 되는 천체가 있겠군요.

빛 / 들어감 / 나옴

그래요. '화이트홀'이라고 부르는 천체이지요.

화이트홀

만약 블랙홀과 화이트홀의 연결 통로가 있다면, 우주여행이 한결 쉬워지겠군요.

우주 공간 어느 곳인가에 뻥 뚫려 있는 바로 그 연결 통로를 '웜홀'이라고 부르지요.

그렇군요.

블랙홀 / 화이트홀 / 웜홀

블랙홀이 존재한다는 건 여러 정황 증거로 이미 확인되었지만, 아직 화이트홀을 발견하는 문제가 남았지요.

화이트홀은 제가 꼭 발견할게요. 헤헤.

우주론을 깊이 있게 연구한
에딩턴 Arthur Stanley Eddington, 1882~1944

영국의 천문학자이자 이론 · 천체
물리학자인 에딩턴은 잉글랜드 켄
틀에서 태어났습니다. 그는 케임브
리지 대학에서 물리학을 공부하고
그리니치 천문대의 주임 조수를 지
냈습니다. 1913년에 모교의 교수,
다음 해에 케임브리지 천문대장이 되어 1944년 죽을 때까지
그 자리를 지켰습니다.

초기에는 항성의 계통적 운동이나 항성계의 구조, 구성단
의 역학 등에 대한 연구에 몰두하였습니다. 그 후 점차 이론
적인 방향으로 관심을 쏟기 시작해 복사 평형에 입각하여 항
성의 내부 구조론을 발표하였습니다.

에딩턴의 주요 업적은 별 내부에서 일어나는 현상을 이론

적으로 밝힌 것입니다. 별은 수소로 이루어져 있고, 별이 어떻게 둥근 모양을 이루고 있고, 오랜 시간 지나면 별이 어떻게 변하는지 등을 멋지게 설명해 내었습니다.

에딩턴은 자신의 이러한 연구 성과를 1926년에 발표한 저서 《항성 내부 구조론》에 고스란히 담아 놓았습니다. 에딩턴의 항성 내부 구조론은 천체 물리학 분야의 고전이 되어 있는 책입니다.

에딩턴은 1916년 아인슈타인이 일반 상대성 이론을 발표하고 빛의 휨 현상을 예측하자 그것을 증명하는 데 십분 노력했습니다. 1919년에 일어난 개기 일식 때 천문대장으로 관측대를 직접 이끌고 가서 빛의 휘어짐을 확인했습니다. 그리고 1925년에는 백색 왜성의 적색 이동을 관측하는 등 상대론적 우주론을 깊이 있게 연구하며 이 분야의 초석을 굳건히 다져 놓았습니다.

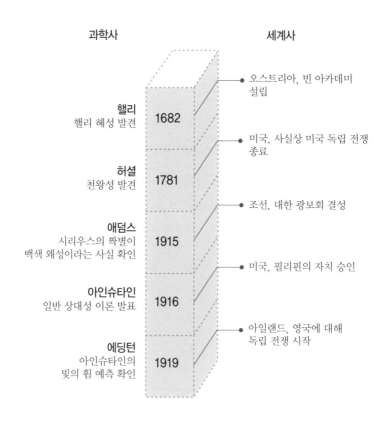

	과학사		세계사

핼리
핼리 혜성 발견 — 1682 — 오스트리아, 빈 아카데미 설립

허셜
천왕성 발견 — 1781 — 미국, 사실상 미국 독립 전쟁 종료

애덤스
시리우스의 짝별이 백색 왜성이라는 사실 확인 — 1915 — 조선, 대한 광보회 결성

아인슈타인
일반 상대성 이론 발표 — 1916 — 미국, 필리핀의 자치 승인

에딩턴
아인슈타인의 빛의 휨 예측 확인 — 1919 — 아일랜드, 영국에 대해 독립 전쟁 시작

1. 지구가 잡아당기는, 보이지 않는 힘은 ☐☐ 입니다.
2. 동시에 낙하하면 ☐☐ 와 상관없이 동시에 떨어집니다.
3. 뉴턴이 지상의 중력의 법칙을 우주에 적용해서 얻어 낸 법칙은 ☐☐
   ☐☐ 의 법칙입니다.
4. 중력이 작용하지 않는 곳이 ☐☐☐ 공간입니다.
5. 가속도와 관성력, 관성력과 중력이 다르지 않은 것이 ☐☐ ☐☐ 입
   니다.
6. ☐☐ ☐☐ 은 흰색을 발하는 난쟁이 별이란 뜻입니다.
7. 실제는 하나인데, 좌우 양쪽에 별 2개가 빛나는 것처럼 보이는 현상은
   ☐☐ ☐☐ 현상입니다.
8. 미국의 휠러가 빛조차 빠져 나오지 못하는 천체를 ☐☐☐ 이라고 명
   명하였습니다.

1. 중력 2. 무게 3. 만유인력의 4. 무중력 5. 등가 원리 6. 백색 왜성 7. 중력 렌즈 8. 블랙홀

무중력 상태와 인공 중력

　무중력 상태는 중력이 없는 상태입니다. 이것의 영어 표현은 'weightless state'입니다. 'weight'는 무게이고, 'less'는 없다는 뜻의 접미어이지요. 그래서 'weightless state'는 무중력 상태가 아닌 무게가 없는 상태, 즉 무중량 상태를 의미하게 됩니다.

　무중량은 무게가 없는 것이고, 무중력은 중력이 없는 것입니다. 무게가 없는 것과 중력이 없는 것은 다릅니다. 중력이 없으면 무게가 없지만, 중력이 있어도 무게는 생기지 않을 수 있습니다. 자유 낙하하는 엘리베이터 속에 서 있는 사람이 그 좋은 예입니다.

　이처럼 무중량 상태와 무중력 상태는 차이가 있는 개념입니다. 'weightless state'를 무중량 상태가 아니라 무중력 상태로 정한 데에는 번역을 잘못한 데서 온 옥에 티입니다.

우주에는 무중력이 존재하지 않습니다. 무중량만이 있을 뿐이고 우주 공간의 중력이 매우 약할 뿐입니다. 반면 우리 인류는 지구의 중력에 익숙해 있습니다. 그래서 중력이 미약한 곳에선 적응이 어렵습니다.

하지만 중력이 미약하다고 해서 우주 공간을 포기할 수는 없습니다. 우리 인류의 미래는 우주에 있기 때문입니다. 인류가 삶의 터전을 우주로 넓히기 위해선 우주 정거장이나 우주 도시가 필수입니다. 뿐만 아니라 그곳에서 우리가 자유롭게 활동하려면 지구와 유사한 세기의 중력을 느낄 수 있어야 합니다. 중력이 존재하는 우주 정거장이나 우주 도시를 건설할 수는 없는 걸까요?

우주 정거장을 도넛 모양으로 제작해서 회전시키면 내부에 있는 물체는 밖으로 튀어 나가려는 힘을 받습니다. 원운동에 의한 원심력이 생기는 것입니다. 이렇게 생긴 원심력은 도넛 모양의 바닥으로 작용합니다. 바닥으로 끌리는 힘은 지구 표면에서 잡아당기는 중력과 같은 효과를 나타냅니다. 이것이 인공 중력입니다.